# 应对生存与发展的挑战

## ——提升学生职业关键能力的理念与路径

胡昌送　王文涛　卢晓春　等　著

人民交通出版社

## 内 容 提 要

本书全面介绍了职业关键能力的理念、探讨职业关键能力培养的路径。全书共分为8章,从职业关键能力产生的时代背景分析开始,系统地介绍了职业关键能力的概念、国内外研究与实践的现状,探索了提升职业关键能力的策略与模式、职业关键能力的目标体系、课程体系、课程资源开发、教学设计与教学评价等内容。

本书围绕如何解决职业关键能力从理论走向实践的重大问题,采取理论分析与典型案例相结合的方式,较为系统地阐述了职业关键能力理念如何融入人才培养目标、如何融入整个教育教学过程、如何有效评价的方法和形式。本书涉及面广,内容翔实,是一部相当完整的职业关键能力研究性著作。

本书适用范围广泛,既能够为职业教育研究者提供一定的资料和参考,也能为职业教育实践工作者,包括学校管理人员、教师、学生等提供借鉴和参考。

**图书在版编目(CIP)数据**

应对生存与发展的挑战 : 提升学生职业关键能力的理念与路径 / 胡昌送, 王文涛, 卢晓春等著. —北京: 人民交通出版社,2013.12

ISBN 978-7-114-11320-8

Ⅰ. ①应… Ⅱ. ①胡… ②王… ③卢… Ⅲ. ①高等职业教育 - 大学生 - 就业 - 能力培养 - 研究 Ⅳ. ①G715

中国版本图书馆 CIP 数据核字(2014)第 057148 号

**书　　名:** 应对生存与发展的挑战——提升学生职业关键能力的理念与路径
**著 作 者:** 胡昌送　王文涛　卢晓春　等
**责任编辑:** 卢仲贤　周　凯
**出版发行:** 人民交通出版社
**地　　址:** (100011)北京市朝阳区安定门外外馆斜街3号
**网　　址:** http://www.ccpress.com.cn
**销售电话:** (010)59757973
**总 经 销:** 人民交通出版社发行部
**经　　销:** 各地新华书店
**印　　刷:** 北京市密东印刷有限公司
**开　　本:** 787×1092　1/16
**印　　张:** 9.75
**字　　数:** 255 千
**版　　次:** 2013 年 12 月　第 1 版
**印　　次:** 2013 年 12 月　第 1 次印刷
**书　　号:** ISBN 978-7-114-11320-8
**定　　价:** 30.00 元
(印刷、装订质量问题的图书由本社负责调换)

# 序

高等职业教育是我国高等教育的大半壁江山。不办好高等职业教育，不培养出高素质的高级职业技术人才，圆中国梦也是难于实现的。

适逢我国职业教育进入内涵发展关键时期，由广东交通职业技术学院胡昌送副研究员、深圳职业技术学院王文涛副研究员、广东交通职业技术学院卢晓春教授等几位老师合作撰写的《应对生存与发展的挑战：提升学生职业关键能力的理念与路径》应时而生，为培养高素质的高级职业技术人才做出了有益的贡献，我感到由衷的高兴。

德国“双元制”是我国职业教育吸收借鉴较多的一种模式。然而，一段时间以来，德国职教界也在深入反思，并积极推动职业教育从“以技术为中心”转向“以人为中心”的改革。“人是生产力中具有决定性的因素。”这项改革强调了职业教育不仅要培养特定专业领域的专业知识与技能，更要重视培养个体职业生涯发展的关键能力，不仅要看到技术，而且要看到有掌握技术的人。早在近百年前，黄炎培老先生就主张职业教育应关注人的全面发展，为社会培养健全公民，将“谋个性之发展”作为职业教育的目的之一。这正体现了马克思“人的自由全面发展”教育观。2001 年，我就提出，我们的高等教育应该回归大学真正之道，其根本在“育人”而非“制器”，是培养高级人才，而非制造高档器材。这也正是我们不少职业教育工作者的看法：我们是培养和谐的职业人，而非制造听指令行事的职业机器。我们的教育失去了人，忘记了人有思想、有感情、有个性、有精神世界，就失去了教育的一切。我们的教育应该以人为出发点，以人为归宿点，以人贯串于各方面及其始终。

目前，职业关键能力在世界职业教育界改革中已经作为一个重要命题被提出，也得到了我国职业教育界的认可。职业关键能力是一种独立于特定职业、以个体所掌握的学习方法和社会交往能力为核心的可迁移能力。这项改革可以说是职业教育界面对不断加速的生产技术革新、知识技能半衰期急剧缩短、新兴产业层出不穷、社会产业结构和劳动力就业结构快速变化的知识经济时代的明确回应，深入来讲，是对职业教育全面育人本质的一种追溯与回归，强调为学生的职业生涯发展储备必须的终身学习能力、创新能力与社会适应能力。其实，这就是以文化的整体育人。以往强调知识与技能只是文化内涵知识与方法的层面，而终身学习能力、创新能力、社会适应能力以及团体合作能力等，还包含了文化内涵的思维、原则、精神层面，这就包括了文化内涵的整体。不仅如此，显然这些能力，不仅涉及科学技术，而且涉及人文，这就包括了文化类型（科学、人文）的整体，并且突出高等职业教育的特性。我想，这正是我国素质教育对高等职业教育的期望。

通读全书，可以清楚地看到，本书在吸收国际上职业关键能力理论与实践精粹基础上，结合我国职业教育改革实际情况，讲述了职业关键能力理论提出的时代背景与历史进程，回答了关于职业关键能力体系构建、实现路径与系统化培养等问题，全面论述了职业关键能力培养的策略与模式、课程体系与课程设置类型、教学方法与教学组织形式、能力评价方式等核心内容。本书提供了大量可供参考借鉴的信息，融入了大量具体实践的典型案例，这会对高等职业教育教学实践具有很好的指导作用，是国内关于职业关键能力研究最新成果。

当然，金无足赤、书无完书。我也同作者的心情一样，切望读者对本书中不足、不妥乃至错误之处，提出批评指教。

谨以为序。

中国科学院院士

华中科技大学教授

杨叔子

**2013.11 武汉**

# 目　录

# 第一章

# 职业关键能力理念：形成、发展与共识

## 第一节　职业关键能力兴起:社会需求与教育理想

自20世纪70年代关键能力的培养理念提出以来,在世界范围内引起了极大的关注,众多职业教育工作者参与到关键能力的理论和实践探索之中,德、英、美、澳大利亚、中国等国家也相继将关键能力作为其职业技术人才培养目标的组成部分。关键能力缘何受到高度重视,这与其既切合时代和社会发展需要,又具有相当的教育哲学理论基础,展现了教育为个体完满生活服务的最终目标有着直接联系。

### 一、关键能力的兴起背景与现实需求

虽然在不同国家和地区,关键能力受到重视的原因存在一些差别,但其主要原因可以从人类社会发展与社会经济变化中寻找,从人类历史发展的客观规律来看,一种新事物的出现和发展壮大,与其切合时代需要存在必然的联系。

#### (一)信息社会与知识经济时代的到来

自资本主义大工业革命以来,社会生产力得到了极大的解放,人类文明发展的进程不断加快,人类社会所积累的物质财富与精神财富呈几何级数增加。进入20世纪中后期,人类社会的经济增长方式也从以物力资本投入占主导地位的物力资本优先积累发展经济模式向以人力资本投入占主导地位的人力资本优先积累发展经济模式转变。以知识和技术革新为主要的社会发展推动力的信息社会(也称“后工业化社会”)已经初步形成,这一变化对于社会产业结构、劳动组织形式和劳动力就业结构均产生了巨大的影响。

1. 社会产业结构的深刻变化

社会产业结构,亦称国民经济的部门结构,是指国民经济各产业部门之间以及各产业部门内部的构成。较之农业经济和工业经济两个时代,信息经济时代产业结构的典型特征是:传统农业和工业在整个产业结构的比例不断下降,而以服务业为主的第三产业比例不断上升,并逐步占据产业结构的主体,以人才和创新为主要动力的高新技术产业和服务性产业成为支柱性产业,人才和技术成为生产力发展的核心要素。目前,在世界发达国家中,以知识为基础的行业生产总值超过国内生产总值的一半,全世界国民生产总值中有6成以上与微电子技术相关,世界第一大经济体—美国自上世纪90年代以来,接近3成的国民经济增长源自高新技术产业,以微软为代表的计算机软件公司已经在美国经济结构中占到举足轻重

的地位。同时，在制造业领域，也呈现出以高新技术制造业替代传统制造业的势头，包括汽车、建筑、石油、钢铁、运输等行业均在大力开展以知识和技术革新为典型特征的改造与升级。

2. *劳动组织形式的重大转型*

所谓劳动组织形式，也称企业劳动组织形式或工作组织形式，是指在企业劳动过程中，按照生产的过程或工艺流程科学地组织劳动者的分工与协作，使之成为协调的统一整体，合理地进行劳动，以期有效完成生产任务、实现企业生产目标的方式。

自20世纪50年代以来，经济生产领域已经开始了从适应少品种大批量的泰勒式劳动组织向适应小批量多品种的后福特劳动组织形式转变。相对于泰勒主义的"以技术为中心"的劳动组织形式，后福特时代劳动组织强调"以人为中心"，其核心是通过技术革新和作业方式的变革，结合劳动者的个体特征灵活设置作业流程和方式，逐步消除因企业内等级、部门设置带来的生产障碍和壁垒，充分调动劳动者的积极性和主动性，充分发挥劳动者的潜能，以便快速处理市场需求信息，适应小批量、多品种、高质量的生产要求。在组织管理上，推行扁平化组织管理变革，减少管理层次，将生产的决策、计划等工作逐步下放到生产基层，并取消因过细的分工带来的沟通成本。在作业方式上，实施灵活的团队工作方式，团队对整个工作任务承担责任，并要求每个团队成员均参与到工作的计划与执行之中。领导者和管理者更多地承担组织协调任务，而不是简单的生产监督与管理；劳动者通过团队的分工与协作，在生产过程中能够根据实际情况进行调整和优化，他们不再是简单的执行者，而是生产的主人和创造者，其积极性和潜能得到了最大限度的挖掘。

3. *劳动力就业结构的调整优化*

以知识快速革新、技术快速变革、信息传播加速为主要特征知识经济时代，依靠体力劳动的传统产业和职业岗位正在快速向以劳动者智力和能力为基础的新型产业和职业岗位变革。有人估计，在工业化初期，体力劳动与脑力劳动的比例是9:1；在半工业化阶段，这个比例是6:4；到了工业化和后工业化时期，这个比例变成了1:9。整体上，社会的职业结构从传统的金字塔形向橄榄形职业结构转变，其典型特征是：非技术工业和半技术工人的比例不断下降，技术工人成为劳动者的主体。正如美国《未来学家》杂志指出，在未来一、二十年中，美国从事体力劳动的蓝领工人占就业人口比重将从1995年的20%缩减到10%，非专业的白领工人数也由40%下降到20%~30%，其余的60%~70%都将由知识工人组成。

同时，国民经济各产业部门所提供的就业岗位以及就业吸纳能力也发生了巨大的变化，以服务业为主体的第三产业所提供的就业岗位已经远远超过第一、二产业的总和。据统计，1996年，美国经济所创造出的260万个就业岗位中知识密集型服务业岗位占到了240万个，约占92%。在知识服务产业创造新的就业岗位相吸纳大量劳动力的同时，对劳动力的文化素质、技能水平也提出了更高的要求，使得劳动力的职业分布也呈现新的趋向。来自欧盟的调查报告显示，1994~1996年间，经理、某些需要特殊技能的专业人员和技术人员等岗位的雇佣人数明显增长，年均增长率达3%左右，对总就业量的贡献接近1%；相反，对技能水平要求较低的职业，如一般办事员，销售人员和简单操作工人等岗位的就业人数呈现负增长。报告结果还显示，即使在经济萧条时期，高技能岗位的雇佣人数仍然呈上升趋势，就业的减少几乎都集中于低技能岗位上。

**（二）职业教育面临的挑战与选择**

社会产业结构的深刻变革，使劳动组织形式向后福特主义转变。知识密集型服务业成为主要的就业部门，这对以就业为导向的职业技术教育产生了巨大的冲击。一劳永逸的知识传授和技能训练、封闭的学校教育以及仅仅关注受教育对象的顺利就业的职业教育思想已经明显不能适应这一变化，职业教育势必发生重大的变革。概括而言，职业教育的挑战和变革主要包括以下几个方面：

1. 职业教育办学模式的变革

在工业化大革命后，社会生产所需的经过训练的劳动力数量快速增加，采用学徒制，在工作过程中形成职业岗位技能的方式显然无法满足这一需求。把职业技能培养从工作中抽离出来、以正规的学校教育培养方式培养技术工人的方式应运而生。在相当长的一段时间里，学校教育与社会生产的相分离既为社会生产提供了大量的经过基本训练的劳动者，也保证了因自身活动规律不同而必须的独立性。但随着以知识和技术更新呈加快发展的信息化时代到来，原有的职业教育办学模式弊端日益突显出来：封闭式的学校职业教育既不能为社会培养具备生产岗位实际所需技能的劳动者，也无法为职业者在变化了的职业岗位和多次的职业变更中发挥应有的作用，职业教育与社会生产部门的重新联合势在必行。

当然，这种联合绝不是学徒制的重现，而是职业教育办学理念的革新、办学模式的发展。首先，在办学理念上，要面向社会需求、面向劳动力市场，通过及时了解社会产业结构变化、劳动力就业市场的结构、需求数量与规格的变化来调整和优化专业结构和人才培养的规格与规模。通过了解企业生产技术革新及时更新教育教学内容，使学校教育的知识传授、技能培养与社会生产一线岗位技术要求同步，甚至适当超前；其次，在办学模式上，要积极向校企合作、开放办学的模式转变。要积极引导企业等社会生产部门参与到职业教育中来，充分利用学校和企业两种不同的育人环境来培养胜任生产岗位需求的劳动者，通过校企合作使企业参与人才培养的目标制定、教育教学实施以及教学评价的全过程。学校的职业教育不再是封闭、脱离现实需要的孤岛，而是与社会生产紧密相连，共同发展的开放式教育。

2. 职业教育人才培养目标的变革

劳动者的结构性失业、知识及技术半衰期加快，劳动者在一生中只需学会一种技能或者只从事一种职业的可能性已经微乎其微。劳动组织方式的变革同时也带来了企业相应工作岗位的工作内容及方式的变革，进而带来了人员素质要求的新变化，具体表现在以下六个方面：

（1）分工方式变革对能力的新要求。从高度分化的单一工作岗位到承担完整任务的工作小组，要求劳动者具备包括跨专业和工种大类转化的工作能力、社会交往和协作能力。

（2）组织变革对能力的新要求。由传统的以等级分明、管理与执行分离为特征的科层制组织到以层次减少、决策下移为特征的扁平化组织变革，要求劳动者具备领导能力、决策能力、责任能力。

（3）工作内容变化对劳动者能力的要求。由动脑与动手分离、执行指令为主的机械劳动向手脑结合、计划与实施相结合的创造性劳动转变，要求劳动者具备系统思考、全局意识和解决问题能力。

（4）质量控制模式改变对能力的要求。质量是生产出来而不是检验出来的根本理念变化,改革了在最后环节检验缺陷和错误的质量控制模式,要求人员具备质量意识、自我负责能力。

(5)生产设备变化对能力的要求。从适合标准化大批量生产的高效专用设备,到适合"系列化单件生产"的柔性生产装备,要求人员掌握更为丰富和广阔的专业知识和技能,具备应对变化的生产任务所需的创造性和灵活性。

(6)技术革新模式对能力的要求。现代工厂生产要求一线生产部门自己对设备和流程计划进行优化和革新,要求劳动者具备自我组织能力、组织学习能力和创新能力。

这一系列的变化,促进职业教育的人才培养目标需要将现有的工作做准备和个体的职业生涯发展有机结合起来,在强调获得具体专业知识和针对具体职业岗位技能培养的同时,更要强调面向更为广泛的职业岗位和社会生产领域,甚至面向尚未出现的行业、职业岗位的知识、能力和素质。因此,将具有共同性和可迁移性的关键能力培养目标纳入职业教育的人才培养目标成为变革的方向。

## 二、关键能力的理论支撑

发展学生关键能力成为各国职业教育界培养人才的共识,除与时代和社会发展需求相符之外,还具有相当的教育教学理论支撑。概括而言,我们可以从终身学习理念、人本主义教育思想以及能力本位的职业教育理论中寻找其兴起原因与依据。

### (一)终身学习理念

终身学习(Lifelong - learning)理念是在终身教育、回归教育、继续教育、永久教育等一系列概念基础上发展起来的。目前,学术界较为普遍认同的观点是:1994 年 11 月在罗马召开的首届终身学习大会形成的概念,即终身学习"是通过一个不断的支持过程来发挥人类的潜能,它激励并使人们有权力去获得他们终身所需要的全部知识、价值、技能与理解,并在任何任务、情况和环境中有信心、有创造性和愉快地应用它们。"具体来说,终身学习的理念和主张包括五个方面的内容:

(1)学习贯穿个体一生的状态。每个个体在生命发展的任何一个阶段都需要学习,学习已经不再是儿童和青少年时期特有的一种活动,成年人在工作历程之中,乃至老年时代都需要进行不断的学习,才能更好地适应工作内容和社会生活的变迁,具备更好的适应能力。

(2)学习的渠道和方式是多元而且弹性的。终身学习体系包括了各类正规教育、非正规教育以及非正式教育,学校、家庭、社区、社团、工作场所乃至个体生活的各种环境都可以成为终身学习的场所。学习的方式也不限于面对面的讲授和交流,各类传播媒体、电脑、通讯、计算机网络均可以进行有效的学习,各种形态的学习是具有足够弹性的,可以根据学习者的需求进行调整和优化,以便满足不同类型、不同阶层民众的学习需要。

(3)重视自我导向的学习能力培养。自我导向的学习能力强调个体应为自己的学习承担责任,知道如何去寻找有效的途径、使用合适的方法去获取新知识。终身学习社会重视重视自我导向学习能力的培养,强调个体自发、主动去开展有意义的学习。

(4)终身学习是一种全人发展的教育。终身学习应能够使学习者各个方面都得到充分的发展,这不仅包括了知识和职业技能的获得,同时也包括了个体道路伦理观念、体能健康、没学意识、社会交际、生活基本能力的培养,因而,其学习内容应该是广泛的、无所不包的。

(5)学习是个体的一项基本权利。终身学习主张,所有的国民在其一生中应该具有同等的学习机会和受教育权利,不能因其出生、性别、种族、收入、社会阶层以及居住地区等而被剥夺或受到不公正的对待。教育是促进社会公平的一项事业,少数社会精英接受高等教育的特权是不合理的,是影响社会公平的,要尊重全民享有同等的学习权和受教育权,加大对弱势族群的支持和保障力度,保证其享有应有的受教育权。

终身学习理念的提出,首先是个体学习观念的全面革新。学习活动的主体性得以进一步彰显,体现个体生命意义的焕发,是个体自在自为的活动。在终身学习视野下,学习回归为个体生命意义的探寻,通过不断的学习,个体的潜能得以充分发展,尽可能的成为聪慧的人,能够实现"人生的真正价值";其次,终身学习理念也对学校教育提出了新的要求,它不仅要求学校教育在形式上具有开放性,能够满足不同年龄阶段、不同学习方式的个体接受教育,更要求学校教育在教育目标和教学内容上服务于个体自主学习的需要,要通过在个体社会过程中的重要阶段——儿童和青少年时期——的学校教育,使个体具备自我导向学习的能力,掌握学习和思考的方法,从而使个体在离开学校走上社会后,通过有效的利用各种资源不断的自我学习、自我发展。这与关键能力理论所倡导的培养学生具有有效利用各种学习资源、主动积极的获取新的职业知识和技能的能力具有一致性。

**(二)人本主义教育思想**

作为当代重要的教育思想流派之一,人本主义教育思想传统可追溯到卢梭的自然主义以及杜威"以儿童为中心"的进步主义教育主张。在二十世纪经美国著名心理学家、教育学家卡尔·罗杰斯发展形成了系统的人本主义教育理论,在世界教育领域产生了不可估量的影响。

人本主义教育思想强调教育应以人为本,尊重人的个性发展,强调人的尊严和价值,反对将人机械化和生物化,重视学习的内部动力和学习者的潜能,注重培养人的创新精神,把促进和完善人作为教育的最重目标。人本主义教育理论在教育目的、教学方法、学习观、学习环境、教学管理、教师观、教学以及学生学业评价方面均有明确的主张。其中,其教育目标、教学方法以及学生学习的主张对关键能力理论的影响尤为明显。

罗杰斯认为,教育的目标应是促进"整体的人"的学习和变化,其价值追求是"完整人格",教育就是要培养独特而完整的人格,使之能充分发挥作用:其一,这种整体性不仅指在身体、精神、理智和情感各方面达到整体性,而且在人的内部世界与外部世界的联系方面也达到和谐一致,也就是身心的全面发展;其二,这种人是具有创造性的人,他们具有创造性的做任何事情的一种倾向、一种创造性人格,且一直处于创造过程之中;其三,这种人是形成过程中的人,他们具有强烈的成长需要,不断产生前所未有的需要,不断获取新经验和探求新事物。在教学方法上,罗杰斯认为如果向学生提供适当条件,学生就有能力解决自己的问题,并提出了人本主义所倡导的"非指导性教学法",该方法首先认为教学目标要以教学学生学习为主,他强调,在现代社会中受过教育的人应该是"学会了如何学习、如何适应和如何变化的人"[1];其次,该方法认为教学过程是一个师生共同参与、主动参与的过程,要以学生为中心组织教学,师生之间应该是一种民主、平等的关系。再次,教学方法也就是促进学生学

[1] Carl Rogers, Freedom to Learn for the 80's[M]. Columbus, OH: Charles E. Merrill Publishing Company, 1989

习的方法,真正同化到自己知识结构的知识是不可传授的,教学就是要创设良好的环境,采取有利于学生自我学习和自我探究的教学组织形式,使学生能够在真实的环境中自己发现问题、解决问题,"我们必须让所有学生,无论他们实在哪个(教育)阶梯上,接触与他们生存有关的真实问题,这样他们才会发现他们想要解决的问题"❶。在学习观上,人本主义强调学生是人类的天性,每个人在其内部都有一种优异的自我实现欲的表现,这种欲望就是个体主动学习的天然倾向,而社会和教育所要做的是创设一个适当的学习环境。同时,罗杰斯把学习分为无意义学习和有意义学习两种类型,无意义学习只涉及心智,而有意义学习是一种使个体的行为、态度、个性以及在未来选择行动方针时发生重大变化的学习。这种学习是自我发起和自我评价的。罗杰斯进一步认为,只有有意义学习才是人类真正的学习,能够对个体的生涯发展起决定性作用。

人本主义教育理论在教育目标上支撑了关键能力发展的职业教育目标。职业教育作为教育的一种类型,其专业知识传授和技能培养并不能完全成为其人才培养的全部,还需要使个体具备在今后职业生涯中不断成长和发展的自我学习能力、问题解决能力和探究精神等,这些都需要在职业教育的目标中予以明确和重视。更为重要的是,人本主义所提出的非指导性教学方法以及有意义学习观为有效发展学生关键能力的现实途径,包括教学组织形式、教学方法和培养策略等提供了从理念走向实践的桥梁。目前,在学生关键能力培养实践中具有一定代表性的项目导向的课程资源开发、团队合作教学组织形式和探究式教学方法,均广泛地吸收和借鉴了人本主义的观点和方法。

**(三)能力本位的职业教育理论**

能力本位教育理论(Competence - based vocational education,简称 CBVE)是于 20 世纪 60 年代在美国兴起,并对世界范围的职业教育产生了巨大影响的一种职业教育思潮和流派。该理论从整合能力管的角度出发,以培养既具有具体岗位能力的职业能力、又具有一定适应新异工作情境的迁移能力的劳动者为目标❷。其能力为基础的观点受到许多国家和职业教育界的推崇,德国双元制、国际劳动组织开发的模块技能培训模式、澳大利亚职业与继续教育模式都是能力本位职教思潮的实践形式。从某种意义上讲,CBVE 就是以培养能力人的目标为核心来开发课程、设计教学、选择教学方法和评价方式的,而关键能力概念及相关理论的提出正是能力本位职业教育理论的进一步发展和完善。

具体来说,能力本位职教理论主要内容包括能力本质、教育与培训目标、实施程序等方面,尤以其能力分析和课程开发方法影响最大。首先,在能力本质上,CBVE 强调整合的能力观,即能力是个体在职业工作表现中体现出来的知识、技能和态度的整合,它有机地将一般素质和具体的工作情境结合起来,注重做事能力而非传统能力观所指的再现知识的能力;其次,在教育与培训的目标上,CBVE 从满足用人单位需求出发,按照职业岗位所需的能力要求制定目标,同时也兼顾到各种可能变化的环境和技术因素,如人力需求变化、就业结构变化、经济政策与就业政策调整等,通过教育与培训活动,使学生和培训对象具备胜任职业岗位所需的能力,且其能力评估讲求行为达到相应的能力标准;再次,在实施程序上,CBVE

❶ Carl Rogers, On Becoming a Person: A Therapist's View of Psychotherapy[M]. Boston, MA: Houghton Mifflin, 1961

❷ 和震. 能力本位职业教育理论的结构分析[J]. 教育与职业,2003

具体包括6个步骤，即：就业市场分析、进行能力分析、课程开发与编制、教学设计与实施、教学评价、课程的修正与更新。其能力分析和课程开发方法包括了DACUM法、V－TECS任务分析法、关键事件法和功能分析法等，其中，DACUM法对我国职业教育课程开发具有较大的影响。总体来说，能力本位教育具有四方面的优势：能力本位职业教育的教学目标明确，具有更强的针对性和可操作性；课程内容以职业分析为基础，打破了僵化的学科课程体系，把理论知识与实践技能训练有机结合起来；以学习者的学习活动为中心，重视学习者个性化学习，关注“学”而非“教”；采用标准参照评价，反馈及时，评价客观。

通过上述理论的介绍和分析，我们认为，培养学生关键能力的观点在以下几个方面得到了有力的理论支撑：其一，突显了人的主体性地位，注重人的主体性地位的回归，把人的自在自为和幸福生活作为社会发展的最终目标；其二，强调了教育为个体全面发展，注重个体潜能开发，为个体人生价值实现服务的理念；其三，关注个体的职业生涯成功，侧重对个体不断学习、不断进步的方法能力和社会能力的培养，为个体的人生价值实现提供了现实途径；其四，对时代特征、社会经济发展趋势、产业结构和劳动力就业结构变化予以了高度的重视，体现了教育为社会服务和为个人服务的有机融合。

## 第二节　职业关键能力发展：概念比较与发展历程

“关键能力”的概念最早出现在20世纪70年代的德国。1972年，时任德国劳动力市场与职业研究所所长梅腾斯在其向欧盟提交的一份题为《职业适应性研究概览》中首次运用了“关键能力”这一概念，并将其看作是现代人“进入日益复杂和不可预测的世界的工具”。1974年，他又在其论文《关键能力—现代社会的教育使命》中对关键能力的内涵做了更为系统的论述，将关键能力的要素划分为基本能力、职业拓展能力、信息获取与加工能力以及时代共通性能力四个方面。

“关键能力”引起了世界各国的关注，各国的职业教育研究者纷纷对其开展研究与实践，由于研究者学科背景、关注焦点、现实需要以及概念界定方式的不同，目前已经存在了数十种不同的“关键能力”概念，其中涉及的不同关键能力要素也超过了二十种，且迄今尚无公认的关键能力概念，这使得比较各种关键能力概念的异同，形成切合本研究需要的关键能力概念显得极具意义。

### 一、几种有代表性的关键能力概念

从目前关键能力的概念来看，较为有代表性的观点包括梅腾斯（德国）、德国联邦教育研究所（德国）、英国国家课程委员会（英国）、梅耶（澳大利亚）、美国劳工部（美国）、中国劳动与社会保障部（中国）、徐国庆（中国）等。

**（一）梅腾斯**（德国）

梅腾斯于其论文《关键能力—现代社会的教育使命》中，认为关键能力指的是“那些与一定的专业实际技能不直接相关的知识、能力和技能，它更是在各种不同场合和职责情况下做出判断选择的能力；胜任人生生涯中不可预见的各种变化的能力。一般来说，关键能力可以理解为跨专业的知识技能和能力，它们由于其普遍适用性而不易因科学技术进步而过时或淘汰”。在此基础上，梅腾斯进一步将作为教育目标的关键能力要素分解为四个方面：

（1）基本能力（Basis qualifikationen）。它表示那些如逻辑性、全局性、批判性和创造性的思维和行为能力、计划能力和学习能力等，它高于具体的专业能力之上，或者说是各种具体的特殊专业能力所具有的共同特征。同时，它不仅局限于职业活动中，也是个体在一般的社会活动和与人交往中所必需的一种能力。

（2）职业拓展能力。它是在许多具体的应用领域和从事不同职业所不可或缺的基本知识和技能，如劳动安全意识、机器维护、技术测量以及阅读书写等方面的知识。

（3）信息获取和加工能力。也就是有效获得和利用信息的能力。即根据面对的问题或任务有目的地获取、理解和加工信息的能力，从而达到个体对社会信息的最有效利用，利于个体扩展知识水平或保障不同知识领域知识的水平迁移。

（4）时代共通性能力。它是指与某一时代相关的能力要素，如全球化时代的外语能力、计算机时代的计算机应用能力等，这些能力在劳动者发生职业变更时依然会发生作用。

### （二）德国联邦教育研究所

梅腾斯所提出的关键能力概念经德国其他职业教育研究者，如雷茨、劳尔·恩斯特等人的发展，其过于抽象的理论概括逐渐演化成在职业教育实践中具有实际意义的能力目标和领域，1990 年，德国联邦教育研究所对关键能力涵盖的内容进行了细分，并对每个单项能力进行了描述，如表 1-1 所示。

德国联邦教育研究所的关键能力分类表　　表 1-1

| 关键能力分类 | 组织与完成生产工作任务 | 信息交流与合作 | 应用科学的学习与工作方法 | 独立性与责任心 | 承受力 |
|---|---|---|---|---|---|
| 职业教育目标 | 制订工作计划完成工作以及检验工作成绩 | 社会性行为合作及人际关系 | 学习行为信息的评估和处理 | 工作责任心 | 心理与生理要求 |
| 单项能力描述 | 目标坚定性、细心、准确、系统工作方式、最佳工作方式、组织能力灵活性、协调能力 | 口头表达能力、书面表达能力、客观性、合作能力、同情心、顾客至上、环境适应能力 | 学习积极性、学习方法、识图能力、形式逻辑、触类旁通的能力、想象能力、系统思维能力、分析能力、创造能力、在实践中运用理论知识的能力 | 可靠性、纪律性、质量意识、安全意识、自信心、决策能力、自我批评你呢管理、评判能力、全面处理事务的能力 | 精力集中、适应新环境的能力 |

资料来源：1990（国家教育委员会职业技术教育中心研究所）

### （三）英国国家课程委员会

在英国，关键能力培养被看作是服务于个体发展的领域。其对关键能力的描述包括两条基本原则，即普通性（generalness）和迁移性（transferability）。普通性是指这种技能在各种各样的工作和学习情境中都是需要的，而迁移性则指在一个环境中习得的技能可以被运用于另一种环境。基于这样的一种认识，英国的职业教育管理部门和相关教育组织根据自身需要不断发展了关键能力的概念外延。应用比较广泛的当属英国国家课程委员会于 1990

年所界定了6个方面内容，即：

(1)交流能力。即以多种多样的形式提取、呈现、分析和评价信息的能力。

(2)数学应用和计算能力。即解释、呈现和应用数字材料的能力。

(3)信息技术能力。即应用现代信息技术从事一系列的日常工作（如文字信息处理、模型设计等）和学习的能力。

(4)问题解决能力。即确定问题、提出解决问题的方案并付诸实施、检查其实施效果的能力。

(5)个人技巧和能力。即个人的认知能力以及与他人交往、协作的能力。

(6)运用外语（现代语言）能力。即以书面和口头的形式用外语进行交流以及阅读常用外语资料的能力。

**（四）梅耶**（澳大利亚）

在澳大利亚，关键能力一般被认为是一种有效参与正在出现的工作形式和工作组织所必需的能力，是在工作情境中综合应用知识和技能的能力，并认为其是“跨越行业与职业岗位的工作模式、工作组织形式中最行之有效的参与方式”。1992年，时任澳大利亚教育改革委员会主席的梅耶（Mayor）在其提交的报告中将关键能力的外延界定为7个方面：

(1)收集、分析和组织信息的能力。即对信息进行查找、评审和归类，以选择所需要的、并且以一种有效的方式将信息组织起来。不但要学会评价信息本身，还要对信息的来源以及获得信息的方式进行评价。

(2)交流思想和信息的能力。即运用语言、书写、图示以及其他非语言的表达方式（如手势、表情等）与他人有效地交流信息的能力。包括了解交流目的与交流对象、选择适当的交流方式与形式、能够连贯简要清晰的表达，在必要的情况下对信息进行修正。

(3)设计和组织活动的能力。指能够充分利用时间和资源、排列事情先后顺序和控制自身行为的能力。包括确定活动目标、步骤，合理安排资源和时间，执行计划并监控自身的行为。

(4)与他人合作和团队协作的能力。指确定团队合作的目标、区分个体角色和责任的不同，达成一致性，在既定时间内完成个人应该承担的职责，对团队的工作做出应有的贡献并评价活动的过程和结果。

(5)运用数学思想和方法的能力。包括确定目标，选择合适的数学思想和方法，并应用这些数学思想和方法解决问题，检验结果。

(6)解决问题的能力。包括问题的提出与阐明，提出期望的结果，建立适合的策略和方法，并运用这些策略和方法解决问题，对问题的解决过程和结果进行评价。

(7)使用技术的能力。在理解科学技术原理的基础上，结合身体和感官技巧，应用技术操作设备来开发和改革系统的能力。

**（五）美国劳工部**

美国劳工部在其发表的一份SCANS（Secretary's Commission for Achieving Necessary Skills）的报告中，将一个人进入劳动力市场所必备的关键能力分为五个组成部分，即：

(1)分配时间、制定目标和突出重点目标的能力，以及分配经费和准备预算的能力。

(2)确定所需要的数据并设法获得数据、处理和保存数据的能力。

(3)作为小组成员参与活动以及与他人交流的能力。

(4)了解社会、组织和技术系统是如何运行的,并懂得如何操纵它们。

(5)选择技术的能力以及在工作中应用技术的能力。

**(六)中国劳动与社会保障部**

关键能力的概念在20世纪90年代引入到中国。2000年,在结合我国社会主义现代化建设的需求基础上,中国劳动与社会保障部提出了自己的《核心技能标准体系》,将关键能力分为八个大类,即:

(1)交流表达。通过口头或者书面语言形式以及其他适当形式,准确清晰表达主体意图,和他人进行双向(或者多向)信息传递,以达到相互了解、沟通和影响的能力。

(2)数字运算。运用数学工具,获取、采集、理解和运算数字符号信息,以解决实际工作中的问题的能力。

(3)革新创新。在前人发现或者发明的基础上,通过自身努力,创造性地提出新的发现、发明或者改进革新方案的能力。

(4)自我提高。在学习和工作中自我归纳、总结,找出自己的强项和弱项,扬长避短,不断自我加以调整改进的能力。

(5)与人合作。在实际工作中,充分理解团队目标、组织结构、个人职责,在此基础上与他人相互协调配合、互相帮助的能力。

(6)解决问题。在工作中把理论、思想、方案、认识转化为操作或工作过程和行为,以最终解决实际问题、实现工作目标的能力。

(7)信息处理。运用计算机技术处理各种形式的信息资源的能力。

(8)外语应用。在工作和交往活动中实际运用外国语言的能力。

**(七)徐国庆**(中国)

关键能力在传入中国后在理论上得到了进一步的发展,在借鉴德国有关研究结论的基础上,以徐国庆、姜大源等为代表的学者提出了两个层次三种类型的职业能力结构观点。他们认为,从结构上来说,职业能力分为基本职业能力和综合职业能力(即关键能力)两个层次。基本职业能力是劳动者从事一项职业所必须具备的能力,而关键能力源于基本职业能力又高于基本职业能力,是基本职业能力的纵向延伸,是学生获得为完成今后的不断发展变化的工作任务而应获得的跨专业、多功能和不受时间限制的能力,以及具有不断地克服知识老化而终身持续学习的能力。同时,不管基本职业能力还是关键能力,其能力外延又可细分为三个方面,即专业能力、方法能力和社会能力,但各自包含的内容有很大的差别,如表1-2所示。

**关键能力内容** 表1-2

| 专业关键能力 | 方法关键能力 | 社会关键能力 |
| --- | --- | --- |
| 跨职业的外语和知识、新技术的知识和能力、工作程序和过程方法的知识、译码和解码的能力、系统思维能力、在实践中运用理论知识的能力 | 综合和系统思维、抽象能力、创造能力、解决问题能力、学习能力、获取信息能力、决策和创造能力、分析能力、掌握学习技术、认识能力、学习方法、系统工作方法 | 追求目标、学习决心和成就感、自我掌握、认真仔细、集中专心、忍耐、诚实、负责、开朗、愿意交往、体谅他人、耐心、坦率、乐于助人、环境适应能力、工作责任心、职业道德、自我批评能力 |

## 二、关键能力概念的比较分析与概念界定

### （一）关键能力概念的比较分析

纵观不同国家、机构和研究者对关键能力概念内涵和外延的界定，我们认为，它们之间存在有以下的共同点和差异性：

（1）关键能力概念内涵的界定。虽然在具体的语言描述上存在有一定的差异，但总体而言，不同研究者和机构均认同关键能力是与特定专业和职业的知识、技能没有直接联系的一种能力，它同时具有共通性和可迁移性的基本特征。共通性是指在关键能力在人从事不同领域的职业工作、学习，乃至其社会生活中均发挥着作用。可迁移性是指在社会产业结构、职业者所从事的职业和工作发生变化时，劳动者能够依此在变化了的环境中重新获得新的职业知识和技能。

（2）关键能力外延的界定。不同国家对关键能力外延的界定存在着区别，这与研究者的经历和学科背景存在联系，也与不同国家的经济社会发展需要有着直接联系。梅腾斯的外延描述较为抽象，与其关注职业教育理念，重在引起职业教育界过于注重职业技能培养的针对性有着关系。而英国的关键能力外延界定与其社会经济背景及职业教育哲学背景不无关系，被称为“托尼范式”的职业教育思想—强调职业技术教育既服务于社会、也服务于个体的观点—职业技术教育是通才范式和技术范式的相互折中和结合，在技术教育中加入普通教育的成分。澳大利亚在外延界定中把文化理解能力明确单列出来与其作为一个移民国家不无关系，移民国家要求其国民在工作以及社会交往中具有对不同文化背景的理解能力，使之能够包容不同的文化类型。我国劳动与社会保障部所确定的概念深受英国的影响，将革新创新能力也正反映了我国在技术领域意图自主发展、创新发展的愿望。

虽然不同研究者和机构对职业关键能力的界定均有不同，但交流能力、与人合作能力、数学应用能力、外语能力等作为关键能力的重要组成部分得到了更多的认同。这也反映了在当今经济全球化背景下，存在于日趋联系紧密的个体将更多的与他人，包括同一文化圈和不同文化圈的个体，发生交流与互动，并共同完成相应的工作任务。

### （二）关键能力的概念界定

在回顾和比较有一定代表性的关键能力概念基础上，我们认为，对关键能力概念的界定须把握以下几个关键：

（1）关键能力是区别于具体专业和职业能力以外的一种能力。关键能力应该具有共通性和可迁移性特征，它不属于某种具体的职业、岗位，但无论从事哪一种职业都离不开它。

（2）关键能力是面向未来的一种能力。它在社会产业结构、劳动组织结构以及劳动者所从事职业发生变更时，劳动者所具备的关键能力依然能够起作用，是劳动者所具备的一种基本素质，能够在变化了的环境中重新获得新的职业知识和技能，从而对劳动者未来的发展起着关键性作用。

（3）关键能力外延的界定要与时代需要结合起来。关键能力反映了不同时代对生活其中的个体的工作、生活的基本要求。在知识和技术革新速度加快、信息技术高度发达、不同文化背景下的个体交流更为频繁的信息化社会，信息处理能力、追踪和学习新技术的能力显得尤为重要。

(4)关键能力外延的界定要与国情结合起来。在民族—国家的世界格局下，以人才竞争力为基础的综合国力竞争依然是一个民族和一个国家崛起的重要标志，关键能力作为个体能力的重要组成部分，引导人才的具体关键能力向哪个方向发展，必然成为各国制定人才培养目标的考虑因素，如我国将革新创新能力单独列出，也正基于这样一种考虑。

(5)关键能力外延的界定应与具体的教育目标和人才培养目标有机结合起来。教育(学校教育)在一般意义上被认为是根据一定的社会要求和受教育者的发展需要，有目的、有计划、有组织地对受教育者施加影响，以培养一定社会(或阶级)所需要的人的活动。而具体的教育目标或人才培养目标既与社会要求和受教育者发展的特征相关，也与具体的教育类型和教育层次直接相关。在具体的教育教学改革中确定一定类型、一定层次的受教育者所要发展的关键能力类型，应该在其外延的界定中有所体现，要将其与具体的教育目标和人才培养目标有机结合起来。

基于以上的分析和认识，我们认为，关键能力是一种有别于具体的职业岗位和专业领域知识、技能的基础性能力，该能力具有共通性和可迁移性特征，能够使劳动者在变化了的环境中重新获得新的职业知识和技能，能够对个体的现在和未来的工作、学习和生活均发挥重要的作用。

在关键能力的外延界定上，在综合考虑我国国情和高等职业教育属于直接面向社会经济发展需要的高等教育类型的基础上，我们认为，目前应重点发展的关键能力外延在以下六个方面：

(1)交流表达能力。包括了解交流目的与交流对象，选择适当的交流方式与形式，能够连贯简要清晰地表达，在必要的情况下对交流的内容、方式进行修正。

(2)与人合作能力。包括确定团队的目标，区分个体角色和责任的不同，达成一致性，在既定时间内完成个人应该承担的职责，对团队的工作做出应有的贡献，评价活动的过程和结果。如同情心、团队精神、交际能力、协调能力、处理人际关系能力、社会行为，集体合作能力等。

(3)自我学习能力。包括独立确定学习任务，制订学习计划，选择合理的学习方法，学会自我考核学习效果的能力。

(4)问题解决能力。包括问题的提出与阐明和期望结果，建立适合问题的策略与方法，应用这些策略和方法，对问题的解决过程和结果进行评价等。

(5)信息处理能力。包括确定收集信息的目的，查找和组织信息，评价信息及其来源，评价获取信息的方法。

(6)追踪和掌握新技术的能力。包括获取新知识和技术的能力，适应新环境的能力，掌握新技术、新设备、新系统的能力等。

## 第三节　职业关键能力研究现状述评

关键能力理念在世界范围内兴起，那么，目前各国研究者如何开展关键能力的研究与实践，如何在已有研究的基础上寻求理论的发展和实践的深入，这是我们在开展具体的教改实践前所需要弄清楚的一个问题，我们拟从兴起背景、概念界定、培养策略和评价方式等方面对上述问题进行简要的文献回顾与分析。

## 一、对关键能力兴起背景的探讨

对关键能力兴起背景的研究旨在解决为什么要提出关键能力这一概念和为什么要培养劳动者关键能力的原因这一问题。唐以志❶认为，科学技术的快速发展及其在生产领域的广泛应用所引起的生产现代化，生产现代化使得社会经济结构和劳动力市场发生了深刻变化，这一深刻变化导致新的行业和部门兴起，原有的生产部门消失或技术升级，进而出现的“结构性失业”、“机器排挤工人”、“职业性能力衰退速度加快”等一系列的现象。由此，社会对职业教育提出了新功能，要求职业教育必须培养未来的劳动者具备从事多种职业的知识和能力，具备终身学习的能力和应对现代人自主和自立愿望的需求。这也正是关键能力兴起的背景。徐朔❷更为深入的从劳动力市场和劳动力组织形式两个方面分析了关键能力产生的社会经济背景，并侧重对泰勒主义以“技术为中心”的劳动组织形式和“以人为中心”的精益生产模式进行了比较研究，论证了现代职业能力观是必须不局限于狭窄专业范围之内，而应扩展到专业范围以外的相关领域，需要劳动者的全面发展，而关键能力正是对此的一种回应。吴雪萍❸将世界各国关注劳动者关键能力培养的原因概括为：适应后工业化社会福特主义向后福特主义工作组织的变化、适应从原有金字塔形职业结构向橄榄形职业结构的变化、适应未预见的市场需求变化等三个方面。即通过培养具有更为广泛知识和能力背景，更有可能实现个体适应不同工作组织和职业岗位的需求的劳动者，以应对社会经济的变革，这可以看作是教育领域对社会经济结构和劳动组织形式变革的一种回应，这一研究的旨趣也正在于此。褚善东❹认为有必要迫切发展职业院校学生关键能力源于：加入 WTO 以后，面临各行业竞争及社会经济发展的需要；科学技术发展和劳动密集型产业转变的需要；信息社会和团队合作精神的需要等方面。概括而言，现有的研究从社会经济发展背景阐述关键能力兴起的背景居多，但从个体权益，或者是从社会政治的角度来探讨关键能力兴起背景的较少，而自二战以后，尤其是 20 世纪 80 年代以来的个体对自由与民主方面的要求更甚，个体对参与更为广泛的公共事务从而导致关键能力的兴起也是有必要深入研究的。

## 二、关键能力概念的探讨

通过对目前研究资料的总结，笔者认为对关键能力概念的探讨主要集中在关键能力的性质（特征）和内容两个方面，也就是关键能力的内涵和外延问题。总体来看，研究者对关键能力的基本性质和特征方面的观点趋向一致，但在关键能力所包含的具体内容上却有着很大的区别，在目前已有的近 300 种关键能力概念的描述中，很难找出具体完全一致的概念。

---

❶ 唐以志．关键能力与职业教育的教学策略［J］．职业技术教育，2000（7）

❷ 徐朔“关键能力”培养理念在德国的起源和发展［J］外国教育研究 2006（6）

❸ 吴雪萍．培养关键能力：世界职业教育的新热点［J］．浙江大学学报（人文社会科学版），2006

❹ 褚善东．职业技术教育中“关键能力”培养问题［J］．天津市职工现代企业管理学院学报，2004（3）

**(一)关键能力的性质**(特性)

对关键能力性质或者说特征的研究主要是指通过对关键能力与相关能力概念的比较分析来探讨关键能力的内涵问题。从最初的定义来看,研究者多把关键能力与专业能力做比较分析,认为关键能力是一种独立于具体专业能力以外的,与具体专业能力有着明显区别的能力,它具有可迁移的特征。刘京辉、唐以志❶在对比分析国外几个主要的关键能力概念后认为关键能力指的就是劳动者在现代化社会中的综合素质;吴雪萍❷认为关键能力是一种不针对某种具体的职业、岗位,但无论从事哪一种职业都离不开它的能力,具有相通性和可转化性的特征;尹金金等人❸认为关键能力具有普适性、可迁移性、工具性、持久性、价值性和难以模仿性等特征。总体来说,目前国内外研究者均较为认同梅腾斯提出的观点,即将关键能力的内涵界定在一种独立于具体的专业能力以外的能力,与纯粹的专业职业技能和知识没有直接的联系,是劳动者对不同职业的适应能力以及不断自我发展的能力。强调在职业发生变更,或者劳动组织发生变化时,劳动者所具备能够在变化了的环境中重新获得新的职业知识和技能,是一种从事任何一种职业的劳动者都应具备的能力。

**(二)关键能力的内容**

对关键能力具体内容的探讨,在国际上较有代表性,且对实践产生较大影响的观点主要包括梅腾斯(1972)、德国联邦教育研究所、英国国家课程委员会(1990)、梅耶(1992)、美国劳工部(1994)以及中国社会劳动保障部所规定的关键能力内容等。尹金金等人(见表1-3)对国内外主要的关键能力概念的涵盖内容进行了比较分析❹。在我国关键能力培养的实践领域,不同的实践者也对其做出了内容界定,如褚善东❺将关键能力分为职业素养、自我学习、综合能力、竞争意识以及创造能力等方面;于健、陈秋妹❻在青岛远洋船员学院航海专业的实践中将关键能力具体分为职业行为能力、心理承受能力、生存发展能力以及与人合作能力等四个方面;林东❼在福建信息职业技术学院的实践中将其分为学习能力、思考能力、语言表达与交流能力、人际交往与合作能力、科技与信息应用能力以及进取心与责任心等。卢晓春、胡昌送等人❽在广东交通职业技术学院的实践中将其分为交流表达能力、与人合作的能力、自我学习的能力、问题解决的能力、信息处理的能力以及追踪和掌握新技术的能力等六个方面。

概括而言,研究者和研究机构对关键能力具体内容的界定与其所在国家的社会经济发展情况和客观需求之间存在联系,与研究者和研究机构自身的关注点和实际需求之间有着明显的联系。

---

❶ 刘京辉,唐以志.关键能力及其启示[J].职教论坛,2000(6)

❷ 吴雪萍.培养关键能力:世界职业教育的新热点[J].浙江大学学报(人文社会科学版),2006

❸❹ 尹金金,孙志河.关键能力的内涵比较与反思[J].中国职业技术教育,2006(12)

❺ 褚善东.职业技术教育中"关键能力"培养问题[J].天津市职工现代企业管理学院学报,2004(3)

❻ 于健,陈秋妹.对关键能力培养的思考[J].青岛远洋船员学院学报,2006(1)

❼ 林东.谈高职学生关键能力与素质的培养[J].教育与职业.2006(12)

❽ 卢晓春,胡昌送.突出发展高职学生关键能力的教学设计理论与实践[J].广东技术师范学院学报[J],2007(12).胡昌送.突出发展学生关键能力的管理学课程教学探索与实践[J].中国职业技术教育,2007(7)

**研究者/机构对关键能力认识的比较**　　表 1-3

| 内容系统规划 \ 研究者/机构 | 梅腾斯 | 德国联邦职业教育研究所 | 英国 | 澳大利亚 | 美国 | 日本 | 中国 |
|---|---|---|---|---|---|---|---|
| 内容系统规划 | | √ | √ | | √ | √ | |
| 与他人交流、团队合作能力 | √ | √ | √ | √ | √ | | √ |
| 信息技术运用能力 | | √ | √ | √ | √ | √ | √ |
| 独立性与责任心 | √ | √ | | | | √ | |
| 自我提高能力（反省能力） | √ | | √ | | | | √ |
| 解决问题能力 | | | √ | √ | | √ | √ |
| 数学应用能力 | | | √ | √ | | | √ |
| 交流表达能力 | | | √ | √ | | √ | √ |
| 利用技术能力 | | | | √ | √ | | |
| 心理承受能力 | | √ | | | | | |
| 文化理解力 | | | | √ | | | |
| 社会理解力 | | | | | √ | | |
| 同情心与正义感 | | | | | | √ | |
| 判断技能 | | | | | | √ | |
| 实践技能 | | | | | | √ | |
| 明确主题的能力 | √ | | | | | | |
| 创新能力 | | | | | | | √ |
| 外语应用能力 | | | | | | | √ |

资料来源：尹金金，孙志河．关键能力的内涵比较与反思

由于无论是对关键能力的性质还是对其内容的描述都无法较好的回答关键能力在一个人的职业能力结构体系中处于一种什么样的地位的问题，这也直接使得关键能力受到研究者和实践者对关键能力培养可操作性的质疑以及评价的可能性质疑。以姜大源为代表的中国学者借鉴德国职业教育的有关理论提出了两层次三因素的观点[1]，这种观点从个体的能力结构体系出发，把关键能力性质和规定与内容的规定相结合起来，从个体职业能力内容的角度，即纵向视角，将职业能力分为专业能力、方法能力和社会能力；从个体职业能力性质，即横向视角分为基本职业能力和关键能力。基本职业能力是指劳动者从事某一职业所必需的能力，是劳动者胜任职业工作，赖以生存的核心本领，它包括单项的技能与知识、综合的技能与知识，基本职业能力要求是合理的知能结构，强调专业的应用性、针对性，注重专业技能的掌握。而关键能力是一种综合职业能力，是专业能力以外的能力，它与纯粹的、专门的职业技能和知识无直接的关系，或者说是一种超越了某一具体职业技能和知识范畴的能力，它是

[1] 姜大源主编．当代德国职业教育主流教学思想研究—理论、实践与创新［M］．北京：清华大学出版社，2007

方法能力和社会能力的进一步发展，也是具体的专业能力的进一步抽象。这种将关键能力放入个体职业能力体系的观点较好的确定了关键能力的地位和功能，也有益于将关键能力培养与专业知识、技能的培养相融合。但是，这一观点也使得关键能力和基本职业能力在外延上的区分显得更为艰难，尤其是在劳动者的具体行为中，我们很难判断出他所表现出的社会能力或者方法能力应该属于关键能力范畴还是基本职业能力范畴。

## 三、培养策略

关键能力概念提出后，在世界各国职业教育界的反响巨大，无论是政府还是职业教育的研究者与实践者均充分认识到其重要意义，为了把这一概念从理论转化为实践，从而提高职业教育人才培养的质量，为社会输送高素质的劳动者，许多研究者和实践人士均提出了其如何发展关键能力看法，是关键能力研究的主要方面，从目前的研究材料来看，培养学生关键能力的研究可以粗略的分为两类，一类以从事关键能力培养的实践者为主，他们更为注重对自身的实践经验进行有益的总结，以唐以志❶为代表的学者侧重从教学过程设计角度探索关键能力的培养问题，他将学生关键能力培养的教学过程分为问题情境的设置与分析、陈述性知识的阐述和运用、问题的具体处理以及一般化和建立普遍性联系四个阶段。岳振海❷注重在高职"两课"教学中通过凸显学生的主体作用，采用案例教学、合作学习等教学方式，以讨论、演讲、辩论、社会调查、撰写论文和模拟现场等具体活动形式来培养学生关键能力；王敏❸等人提出应将学生关键能力的培养贯穿于整个学生管理工作之中，要在实践中培养学生的关键能力；张桂杰❹认为培养学生的关键能力应从三个方面入手，即：在教学中培养学生关键能力、在管理工作中培养学生关键能力、在活动中培养学生关键能力。卢晓春❺等人从教学设计的角度对从隐性的关键能力目标、合作学习的教学策略、能力发展的教学评价等方面总结了其培养高职学生关键能力的经验。另一类研究侧重对实践者和有关机构培养关键能力的具体做法进行系统总结，以理论研究者居多。中国驻德大使馆教育处相关研究人员❻把德国培养关键能力的策略概括为附加方式和一体化方式，附加方式即在专业课程学习以外，通过额外、附加的讲座、培训、项目等培养学生关键能力；一体化方式即将关键能力的培养与专业课的学习相结合。吴雪萍❼将各国培养关键能力的策略概括为整体、基础和渗透三种策略，整体策略侧重对职业教育课程体系进行整体改革，在课程中增加培养关键能力的内容并把它作为教学的重点；基础策略注重加强职业教育课程的基础性，这需要加强基础知识和基本理论的教学，推行职业教育基础教育年；渗透策略即把关键能力的内容通过各门课程加以渗透和培养。它要求专业教师都树立起培养关键能力的意识，在专业教育教学过程中，灵活

---

❶ 唐以志．关键能力与职业教育的教学策略[J]．职业技术教育，2000(7)

❷ 岳振海．高职"两课"与学生关键能力的培养[J]．中州大学学报，2006(1)

❸ 王敏等．关键能力培养的要求和模式[J]．中国职业技术教育，2000(3)

❹ 张桂杰．职业教育必须着力加强学生关键能力的培养[J]．辽宁师专学报(社会科学版)，2005(6)

❺ 卢晓春，胡昌送．突出发展高职学生关键能力的教学设计理论与实践[J]．广东技术师范学院学报[J]，2007(12)

❻ 中国驻德大使馆教育处．德国大学生关键能力的培养[J]．世界教育信息，2006(6)

❼ 吴雪萍．培养关键能力：世界职业教育的新热点[J]．浙江大学学报(人文社会科学版)，2006

运用多种教学方法，把各项关键能力融入教学内容。高宏、高翔[1]在此基础上，进一步将其发展为整体、基础、独立和渗透四种策略。其中，整体策略、基础策略和渗透策略与前一观点基本一致，而独立策略主要是对英国培养关键能力策略归纳，即设置专门的培训机构，为培养劳动者关键能力进行专门培训。

总体来说，从目前的研究资料来看，对关键能力培养策略的研究还不够深入，这也正是教育学家对关键能力提出的两点批评意见，其一是关键能力如何转化为具体的教学内容，对关键能力下定义和开展研究的人士并没有拿出一套切实可行的方案，因而在具体的教学实践中，教育者和受教育者往往对关键能力的培养无所适从；其二是关键能力培养过程中的具体教学方法的质疑。关键能力倡导者的教学法前提是以学生的自我控制学习和自己管理为主，而教师只起到主持人的作用时，关键能力和职业行为能力便能获得，但这在实践中很难实现，对于何种或哪些教学方法和教学组织形式对培养学生关键能力最为有效，目前的探讨也是比较少的。

因而，我们认为，以下几个方面可能是未来关键能力培养策略研究与实践应该解决的问题：

（1）培养策略的层次问题。目前理论界对培养策略的研究均是从课程角度入手的，无论是整体和基础策略，抑或是独立策略还是渗透策略，研究者均关注的是在课程体系中设置关键能力课程，增加课程内容，开发关键能力课程资源。从逻辑的角度上来说，这些策略没有一个明显的层次体系，而且采用了这以上的各种策略也不能完全解决关键能力培养的问题，它对关键能力培养的外部环境因素（包括政策、人文环境、社会环境等）以及影响学生关键能力发展的内部因素（如教学方法、教学手段、教学组织形式、教学评价因素等）并没有系统的考虑。因而，是否可以采用宏观、中观和微观三个层面来分析在培养关键能力方面不同主体应该采用何种策略，或者是按照完整的能力发展过程，即目标、途径、行动、评价的方式来发展培养策略，从构建能力教育体系的各个方面来形成发展策略，均是一个值得探讨的问题。

（2）培养策略的细化问题。主要涉及关键能力课程资源开发和关键能力教学方法等问题，虽然我们在理论上对关键能力课程体系的研究已较为深入，但在实践领域，尤其是如何将关键能力内容融入专业课程体系的研究与探索还是少之又少，实践者做的一些有益尝试也没有得到较好的总结和推广，进一步从理论和实践上形成具体、可操作和推广的关键能力课程开发策略是我们迫切需要解决的问题；同时，选用何种教学方法和教学组织形式能够更为有效的发展学生关键能力，这也是我们需要深入探讨的。

（3）具体实施途径的问题。目前，理论界对关键能力培养的途径问题主要还限定在课程和课堂研究方面，但在实践中，实践者已经认识到学生关键能力的具体途径不仅包括课堂，同时也包括第二课堂，学生活动，校外实践和社会经历等，甚至从一个更为广泛的社会学意义上采用学校共同体和学习共同体的途径已经被提出[2]，因而，对来自更为广泛意义上的培养途径问题的研究将是我们努力的方向。

---

[1] 高宏，高翔．对我国职业教育中关键能力研究的思考［J］．河北师范大学学报（教育科学版），2006

[2] 可参见广东省高等教育教学改革工程项目“构建学习共同体、培养学生关键能力的高职教学改革与实践”资料

## 四、评价方式

对关键能力的研究可以归纳为两类：一类是对学生关键能力发展程度的标准的研究，一类是对关键能力评价模式的研究。对评价标准的研究，张柯、邓小丽❶介绍了澳大利亚昆士兰高级中学所采用的标准，即将每一项关键能力按照能力达成度的高低划分为三个水平（表1-4）。这一方法由于采用定性方式和以描述性的指标对学生关键能力的发展程度做出评价，具有一定的可操作性，已经被我国的部分关键能力实践者所采用❷。

**学生收集、分析和组织信息的能力的各水平的评价标准** 表1-4

| 水平一 | 水平二 | 水平三 |
|---|---|---|
| 1. 按照教师的指导去收集、分析和组织信息；<br>2. 按照教师的指导从特定信息资源中查询相关信息；<br>3. 从信息组织到预先已经定下的结构中；<br>4. 核对信息的精确性和完整性 | 1. 明确收集、分析和组织信息的目的；<br>2. 从各种信息资源中查询信息；<br>3. 从大量不同的用于分析和组织信息的结构中选择自己需要的方案；<br>4. 评估信息的相关性、精确性和完整性 | 1. 自己制定收集、分析和组织信息的目的；<br>2. 制定从各种信息资源查询信息资料的方案，并加以实施；<br>3. 设计用以分析和组织所查信息的方案以及结构；<br>4. 评价信息的质量和有效性 |

资料来源：张柯，邓小丽. 澳大利亚基础教育研究："关键能力"简述

在评价模式和方法的研究方面，何向彤❸将澳大利亚职业教育与培训界所采用的模式概括为：

（1）标准预设型。评估标准、过程等一系列指标均是由职业教育与培训机构提前设定的，评价严格按照预设的标准和程度进行。

（2）即时拓展型。即不提前设定详细的评估体系，只是简单列出与工作相关的关键能力类别，评估要根据学院的实际工作表现和关键能力的具体方面进行拓展。

（3）能力单元混合型。即将关键能力与工作所需的专门能力同时进行评估，且采用直接和间接相结合的方式进行。

（4）双系统型。即在评估中同时采用普通教育文凭等级标准和职业教育与培训项目标准两套系统。

（5）远程培训型。主要用于远程职业教育与培训机构的一种评价模式。

郭立艳❹提出了关键能力评估的三种模式：

（1）推论模式。在专业课程中设置关键能力教学目标，并在该课程考核中进行相关关键能力评估。

（2）独立模式。分别设置每一项关键能力课程，将关键能力具体化、专业化，独立评估。

（3）综合模式。结合专业课与文化课，对关键能力进行综合评估。

---

❶ 张柯，邓小丽. 澳大利亚基础教育研究："关键能力"简述[J]. 外国中小学教育，2005(5)

❷ 卢晓春，胡昌送. 突出发展高职学生关键能力的教学设计理论与实践[J]. 广东技术师范学院学报[J]，2007(12). 胡昌送. 突出发展学生关键能力的管理学课程教学探索与实践[J]. 中国职业技术教育，2007(7)

❸ 何向彤. 关键能力培养及评估：澳大利亚的认识与实践[J]. 职业技术教育(教科版)，2006(19)

❹ 郭立艳. 职业关键能力培养及评估模式[J]. 职业时空，2006(6)

这两种观点均存在有一定的问题。第一种观点在分类的标准上显然存在问题，既有从评价标准角度的分类，也有从不同评价主体上的分类；第二种观点单纯地从课程角度对关键能力作出评价，亦不能对其他关键能力培养的途径作出有效评价。

高宏、高翔❶等人针对目前关键能力评价的问题提出在对关键能力培养效果做出评估之前首先要解决好三个前提。即：关键能力培养应该带有强制性、关键能力培养过程要具有透明性、培养成果评价的科学性等。他们也同时提出政府要在关键能力的培养和评价中起重要作用，尤其是在评价领域必须整合“国家职业资格证书”，建立统一的资格体系。

目前，对关键能力评价的困难主要来自两个方面。其一是能力评价本身的困难，由于能力重在内化和运用，较难采用量化的标准来衡量，同时，各种能力之间，专业能力和关键能力，基本职业能力和关键能力之间，乃至关键能力所包含的具体各项能力之间，在作用于一项具体活动时并不是单独进行，而是多种能力共同影响的，很难区分是哪一种能力起作用如何较为准确的确定个体能力发展的程度和水平本来就是心理学和教育学上的一个难题。因而，这在客观上使得关键能力发展程度的评价举步维艰；其二，是来自现有评价体制和制度的困难，目前职业教育界，尤其是我国职业教育界的考核还主要是以书面考试的形式进行，对学生的评价还是以学业成绩为主，而能力和技能的表现需要在具体的活动和工作任务中才能较好的考察，这就有必要改革职业教育现有的评价制度和考核形式，无疑增加了关键能力评价的难度。从另一个角度上来说，关键能力评价的上述困难也将是未来关键能力评价研究的方向，不仅对学生关键能力的发展程度，而且对促使学生关键能力发展的课程设计、教学过程；不仅对关键能力评价的客体（评价对象），而且对关键能力评价主体（评价者）做出更为全面的研究，才能建立起更为科学、客观的关键能力评价体系。

## 本章小结　提升职业关键能力是人才可持续发展的必然要求

职业关键能力的提出是人类社会经济发展到一定阶段，人们对个人职业能力结构认识的深化。其系统化有着深刻的经济和社会原因。在信息社会与知识经济快速发展的背景下，社会产业结构的深刻变化、劳动组织方式的重大转型、劳动力就业结构的调整优化，这些对职业工人的能力要求必然要发生新的变化，这些是职业关键能力提升的重要的经济原因；与经济社会发展的需求适应，在职业教育领域也必然出现新的变化，对岗位职业能力的认识日趋科学化，无论是职业教育模式、职业教育目标都进行了深刻变革，以经济社会变化的需要，这是职业关键能力提出的社会原因；而在此基础出现，教育思想领域的终身学习理论、以人为本的教育理念、能力本位的职业教育理念等新教育思想的兴起，为职业关键能力的提出提供了理论基础。

当然，职业关键能力的概念从提出到成熟也经历一个逐步演变的过程，至今仍然没有统一的认识，这是由于不同的学者由于不同的认识和背景对职业关键能力必然会给出不同的理解。但是他们对职业关键能力的内涵与外延在认识上存在共性。总体来看，关键能力是一种有别于具体的职业岗位和专业领域知识、技能的基础性能力，该能力具有共通性和可迁

---

❶ 高宏，高翔．对我国职业教育中关键能力研究的思考[J]．河北师范大学学报（教育科学版），2006

移性特征，能够使劳动者在变化了的环境中重新获得新的职业知识和技能，能够对个体的现在和未来的工作、学习和生活均发挥重要的作用，包括交流表达能力、与人合作能力、自我学习能力、问题解决能力、信息处理能力、追踪和掌握新技术的能力等方面的内容。

此外，职业关键能力自提出以后，就得到了学界的高度关注，学术界对关键能力的内容、性质、培养策略、评价方式等方面内容的重构均提出建设性方案，为职业教育改革与发展提供了新的方向。

# 第二章

# 职业关键能力的比较研究

## 第一节　德国职业关键能力培养

德国作为职业教育发达国家之一，其丰富的职业教育理论与以“双元制”为典型特征的职业教育模式，在世界范围内产生了巨大的影响。“关键能力”培养理念正是这片职教沃土孕育的成果之一，它经过不断的发展，已经成为德国职业教育领域改革的重要内容之一。

### 一、关键能力在德国的发展历程

#### （一）“关键能力”概念的提出

1972 年，时任德国劳动力市场与职业研究所所长的梅腾斯在其向欧盟提交的一份名为《职业适应性研究概览》的报告中首次提出了“关键能力”的概念。并于 1974 年在《关键能力—现代社会的教育使命》一文中，对“关键能力”进行了系统的论述。梅腾斯认为，关键能力作为与专业技能不直接相关的、跨专业的能力，是在各种不同场合和职责情况下做出判断选择的能力。关键能力较之专业能力更能够胜任人生生涯中不可预见的各种变化，是个体适应现代社会快速发展变化所需的一种基本能力类型。同时，他在该文中进一步将作为教育目标的关键能力要素分解为基本能力、职业拓展能力、信息获取和加工能力、时代共通性能力等四个方面。

#### （二）关键能力的发展

关键能力培养的理念得到了德国职业教育界的迅速响应，一批职业教育机构和研究者在此基础上开展了大量的研究与实践，并对关键能力的概念进行了发展，其中较具有代表性的包括德国联邦教育研究所与西门子公司合作形成了的关键能力分类以及职业教育学者凯泽的分类。

1. 德国联邦教育研究所与西门子公司的分类

20 世纪 80 年代，德国联邦教育研究所与西门子公司共同开展了“项目与迁移能力”计划，将关键能力具体分为以下 5 种，即：

（1）组织与完成生产工作任务的能力。具体为制订工作计划、完成工作计划、检验工作成绩的能力。

（2）信息交流与合作的能力。具体为群体中的行为合作与融洽的人际关系。

（3）应用科学的学习与工作方法能力。具体为学习行为信息的评估和处理能力。

(4)独立性与责任心。具体为纪律性、自信心、责任心、质量安全意识、评判能力以及解决问题能力等。

(5)承受力。具体为心理与生理的承受力,尤其是适应新环境的能力。

2. 凯泽的定义

德国职业教育学者凯泽在20世纪90年代对关键能力进行了进一步的诠释和分类,他认为,"关键能力是不可传授的、它必须贯穿于整个教育过程并在具体的活动情境中获得"。基于这样一种认识,他特别强调了基础知识对关键能力的必要性和重要,尤其是那些对解决问题和作出正确判断有利的基础知识。在此基础上,他将关键能力具体分为以下5类,即:

(1)明确主题的能力。在执行一项特殊学习任务或工作任务时,能够迅速明确其主题。

(2)独立性与参与能力。有助于促进自学和自己负责的工作,有利于作出决定和承担责任的能力。

(3)团队或社会能力。在具体团队中工作、合作、交往和在社会生活中行动的能力。

(4)系统或方法能力。理解因果关系、在新的工作任务中利用已有经验来了解工作程序、有效组织的能力。

(5)反省能力。能够在工作中进行不断的反省,从而有效优化工作程度、提高工作效能的能力。

**(三)关键能力的系统化:职业行动能力**

德国职业教育界在经过前期的研究与关键能力培养实践后,逐步对关键能力如何有效融入职业能力体系形成了较为明确的认识。受劳动力市场结构和就业结构快速变化的影响,侧重职业岗位培训的职业教育理念逐步向注重包括专业能力与关键能力的职业行动能力培养方向发展,雷茨认为,人的职业行动能力是关键能力的内隐之意和核心思想,劳尔·恩斯特明确提出应将职业行动能力作为职业教育的目标之一。在这样一种认识下,德国职业教育界开始了职业行动能力的研究和改革实践,这也为德国"双元制"职业教育模式增添了新的元素。

在德国职业教育界,一般将职业行动能力界定为个体在职业情境中从事熟练而职业化的、个体深思熟虑的以及承担社会责任的行动的本领和状态,充分反映了德国职业教育界对个体职业能力的认识。概念中所强调的"行动"作为个体动作行动和心智行动的集合体,包括了个体的主观意识行动和客观意识行动两个组成部分。在职业行动能力的分类上,有研究者(德国,巴德)将其分为了方法能力、专业能力、社会能力和个性能力等四个组成部分。并认为方法能力指的是"独立学习和工作并在其中发展自己的能力,将习得的知识技能在各种学习和工作实际场合迁移和应用的能力",他将学习能力和语言能力一起作为其他三种能力的组成部分,是每一种能力形成和发展的基础。而德国各州文教部长联席会议通过制定的《职业相关性课程的框架教学计划制订指南》(1999年)将职业行动能力划分为专业能力、社会能力和个性能力等三个组成部分,并对三种能力的内涵进行了界定:①专业能力是指个体应用专业知识和方法独立性完成相应工作任务并评价工作成效的能力和意愿,具体包括对事物系统及过程的关系认识,能够进行有逻辑的思考、分析、抽象及归纳的能力。②社会能力是指个体能够准确把握和理解社会关系,并按照符合社会规范的方式处理人际关系的能力与意愿,体现在具体的社会责任承担和团结协作等方面。③个性能力是指个体在其职业生涯、社会和家庭生活中准确作出判断、确定目标并发展自己聪明才智的能力和意愿，表现为对自己和他人行动负责的价值取向、行为准则和态度等方面。

## 二、关键能力培养的应用实践情况

德国职业关键能力理念的提出，对处于发展瓶颈的德国职业教育打入了一剂强心剂。德国逐步开展了"以技术为中心"向"以人为中心"的系列职业教育改革措施，通过改革职业教育政策和法律、调整人才培养目标、融入学生关键能力培养的教学实施改革、开展"学习领域"课程方案改革、形成以职业行动能力为核心的考核评价改革等，关键能力得以在德国职业教育界全面应用。

### 1. 注重职业关键能力培养的政策与法律变革

德国是目前世界上职业教育立法最为完善的国家之一。从国家层面的《联邦职业教育法》到各州层面的《学校教育制度规范》，以及各行业负责制定的职业培训合同及行业标准等，都为职业教育的有效实施提供了有力的法律保障。在德国职业教育界认同职业关键能力，并将其融入具有德国特色的职业行动能力培养目标以来，德国职业教育立法在各个层面均进行了相应的改革，从立法上保证了职业关键能力的有效培养。

(1)国家法律层面。《联邦职业教育法》是国家层面的职业教育法规，经过多次修订，现行的《联邦职业教育法》是于2005年正式生效的。该法明确规定"职业教育应当以职业行动能力为宗旨"。这也意味着，在德国国家层面将培养个体的关键能力作为其职业教育的重要目标之一，并将其有效的纳入了整个职业教育的能力培养体系之中。

(2)州政府法律层面。遵循《联邦职业教育法》中强调培养关键能力的有关规定，德国各州积极开展州政府层面的法律修订工作，在使学生掌握职业所需的专业知识和技能基础上，将包含学生社会能力、个性能力等相关关键能力的要求明确纳入到相关法律文件之中。如《萨克森－安哈特州学校法》中强调"职业学校明确两项重要任务，其一是传授学生职业相关的专业内容，其二是积极发展学生的通用素养"。

(3)行业标准和规定层面。由各行业协会组织制定的针对相应职业方向的《职业培训条例》是德国各行业开展职业教育工作的重要文件之一。目前，已有相当部分行业根据职业关键能力培养的有关要求修订了条例，明确将职业关键能力作为其重要目标之一，并对其培训内容和考核内容作出了相应的规定。如《汽车机电技师职业培训条例》，首先在培养目标上明确提出了"汽车机电技师职业培训所要传授的知识和技能就是职业行动能力，尤其是自主计划、执行和对工作过程的控制能力"，同时，在培训内容方面，要求把包括相关法规、环境保护、工作过程管理、沟通能力等作为重要组成部分。

### 2. 注重职业关键能力的人才培养目标改革

通过各个层面的职业教育立法改革及相关理论研究和探讨，发展学生职业关键能力的理念逐步被各类职业学校及培训机构所认同，许多教育培训机构在此基础上开展了一系列的人才培养目标改革，改革的中心是确立发展学生的行动能力的总目标，将包括专业能力、社会能力和个性能力的职业行动能力作为各类专业人才培养的总体要求。强调职业教育不仅要使学生具备独立完成具体职业工作任务的专业能力，同时也应使学生具备作为个体人格应具有的诸如独立性、主动性、责任心、自信心等人格能力，以及团队合作和社会责任感等社会能力。如"切削机械工"在职业院校使用的《框架教学计划》中要求学生实现的 11 条目标中，涉及职业关键能力的目标包括：(1)*根据技术的可实现性对制造任务进行评价和分析*；(9)*为获取信息、完成任务、整理和演示工作结果而使用信心与通信系统*；(10)*使用德文和英文的数据页、说明书、操作指南和其他电信的职业信息资料*；(11)*以团队形式工作并使自己的工作和前后供需项协调*。再如《汽车检测与维修技术专业框架教学计划》强调，职业学校须达到以下三个教育目标，即：培养学生将专业能力与社会通用能力有机结合起来的职业行动能力；通过学习或培训提高自身职业行动能力的积极性；在个人生活和社会活动中采取负责任行动的能力与意愿。

3. 融入职业关键能力的课程改革

20 世纪末，德国职业教育界为进一步加强学生职业行动能力的培养，使课程设置和开发跳出学科体系的藩篱，形成更能适应知识经济社会需求，体现职业教育职业属性的课程模式，开展了一系列的研究与实验，并最终于 1996 年颁布了新的"课程编制指南"。明确将采用"学习领域"课程方案取代以分科课程为基础的课程方案，这一课程方案强调由工作过程导出"行动领域"，再通过教学的序化和整合形成"学习领域"，并进一步开发具体的"学习情境"，其中，工作过程导向是该课程方案的基础，旨在通过工作过程导向的新课程来持续提高技术技能的职业行动能力。学习领域是一个由学习目标表述的主题学习单元，一个学习领域课程一般由学习目标、任务陈述的学习内容和总量给定的学习时间三个部分组成，它是案例性、经过系统化教学处理的行动领域。通过一个学习领域的学习，学生可以完成某个职业的一个典型综合任务。学习情境是组成学习领域课程方案的结构要素，是具体化了的学习领域，可以将其理解为实现学习领域能力目标的具体课程方案，它把理论知识、实践技能与实际应用环境结合在一起。

学习领域具体可以分为三种类型，即：基础学习领域、实践迁移学习领域和与资格相关的学习领域。基础学习领域是横跨技术、经济、生态、法律和社会等不同学科领域的类型，主要包括学科知识和基本原理方面的内容。实践迁移学习领域则选择传统与现代劳动组织和实践方面的内容，采用工作现场或者工作现场的模拟形态来开展学习。与资格相关的学习领域除了能力之外，主要还涉及体验、反思、社会价值和文化方面的学习，包括工作方式、沟通方式、行为举止、精神、语言、企业文化、职业道德。

在德国学习领域课程方案的改革中，无论是学习领域还是具体的学习情境，均注重将专业知识与技能、社会能力及个性能力有机融合，发展学生的职业行动能力。如"运行技术电子工"的《框架教学计划》中除了对该工种各项专业知识与技能的目标外，还将包括外文、团队合作、环保、主持与表达、废物处理、交流，注重客户需求、客户咨询、客户满意度、检测系统等的目标纳入了具体学习目标之中，作为学习领域课程开发的基础。又如如萨克森－安哈特州颁布的《汽车维修技师专业框架教学计划》，其学习领域 1 的目标描述："着力培养学生认识和分析形势的能力、保持身心健康的能力、基本的外语和计算机操作能力"，强调将法律法规、劳动安全、环保、企业内部沟通、与客户沟通等重要的构成关键能力的基本知识、能力和正确的工作习惯融入了专业教学过程。

通过学习领域的课程方案改革与实践，以关键能力为重要组成部分的职业行动能力培养有效的贯穿到了德国职业教育的课程开发与教学实践之中，使"双元制"教育模式从传统的侧重专业性的职业技能训练逐渐转变为侧重职业行动能力的职教新模式。

## 三、德国职业关键能力培养的特点及启示

### (一)主要特点

纵观德国职业关键能力研究与实践的情况,以深入的理论研究为基础,以系统完备的法律和实施方案为依托,通过全面的目标修订、课程开发、教学方法及评价方式改革有效的促进个体关键能力的培养。具体而言,其特点可以概括为以下几个方面:

1. 不断发展的理论研究为其提供理论指导

从梅腾斯提出关键能力培养理念伊始,德国职业教育理论界围绕其关键能力的内涵和外延、关键能力与专业能力培养的有效融合、关键能力的有效考核等问题开展了深入的研究,并形成了包括职业行动能力的概念体系、行动导向的教学方法、“学习领域”的课程开发方法等一系列具有创造性的理论成果,这为关键能力的培养实践提供了有效的理论指导。

2. 构建了系统完备的法律体系

为了保证职业关键能力培养目标的实现,德国开展了自国家到各州再到具体学校,涵盖各行业和相应企业的一系列法律法规改革,对培养目标、内容、方法、考核方式均作出了相应的规定,涉及了关键能力培养的各个方面,内容齐全,分类完善,保证了整个关键能力培养完成于一个通畅的运作体系,构建了完备的职业法律体系。

3. 整体搭建了关键能力的培养体系

首先,在职责和分工上,德国职业教育法律体系对联邦、各州、行业企业、学校在职业教育培训中的作用和职责均有明确的分工,实现了各司其职,各有侧重,相互协调,共同促进学生职业关键能力的发展。其次,在培养目标、课程开发、教学实施和教学评价等方面开展了系统改革,在实施层面建立了完整的职业关键能力培养体系。德国职业教育界从职业行动能力培养的整体目标出发,进一步细化具体的能力目标,针对具体的能力目标可发课程资源,设计学习领域,并对学生的能力发展情况作出有效的考核与评价,并及时反馈相关的评价信息,以便进一步深化改革,形成了有效的实施体系。最后,强调因地、因时、因不同专业和教育类型制定更符合实际情况的培养方案和实施措施。各州、职业院校乃至具体课程的教学中,均鼓励结合自身情况,对培养方案和具体的课程教学内容、教学方法进行发展和优化,使人才培养更具有针对性,确保学生职业关键能力的有效培养。

4. 以“行动导向”的教学方法整合关键能力培养

行动的整体性和执行完整的行动是获得职业能力的重要条件。德国职业教育中普遍采取以项目为载体,要求学生在具体的项目实践之中通过完成项目工作任务,通过项目实践实现对学生综合能力和全面发展能力的培养,精心设计各种职业关键能力的培养方案和学习领域,并将其融合于专业技术、技能培养的过程当中,避免了能力培养的分裂造成专业能力与关键能力培养互不搭界的状况。同时,学生各项能力的发展情况均通过项目过程记录文件中被巧妙地设计进去并进行评价,从而全面地了解了学生各方面能力发展的情况。

### (二)启示

1. 加强职业教育立法和法规体系建设

职业教育立法是从根本上保证职业教育社会地位,确定职业教育各子系统职责与义务,

保障职业教育办学目标、办学主体、资源投入,促进行业、企业及整个社会积极开展职业教育工作的有效方式。在德国,通过各个层面的职业教育立法工作,形成了国家、行业、企业、学校和社会团体各阶层共同举办职业教育、重视关键能力培养的局面。这对我国发展职业教育事业具有重要启示作用,我们认为,我国职业教育的立法和法规体系建设,首先要从国家层面,统筹协调,明确包括教育部门、劳动与人力资源保障部门的职责,确立各类职业教育院校、机构、行业企业在职业教育中的作用与分工;其次,需大力加强职业教育立法的细化与可操作实施性,强调各个层面的立法应解决相对应的问题,尤其加强在实施程序和具体步骤等方面的立法工作,探索出台地方政府、行业企业在职业教育中的职责和分工规定,建立起上下有序、衔接有效、系统完善的职业教育法规体系。

2. 注重建立职业能力培养体系,将专业能力与关键能力培养有机融合

能力作为个体完成某项任务的心理表征,它本身是一个整体发挥作用。在具体的培养过程中,关键能力和专业能力也是一个整体,目前国内高职院校在培养关键能力的实践中将其与专业能力截然分开,这在某种程度上也导致了职业关键能力改革实践的举步维艰。从德国职业教育的经验出发,将关键能力与专业能力培养整合,能有效改善职业关键能力培养与专业能力培养脱节的情况,也能解决培养渠道和载体的问题。

## 第二节　英国职业关键能力培养

受“绅士教育”传统影响,英国的职业教育长期未受到应有的重视,职业教育的发展滞后也严重影响了其经济发展。自20世纪80年代以来,英国政府采取了一系列的措施,大力发展职业教育与培训事业,开展了新职业教育主义运动,使得英国的职业教育进入了一个全新的发展时期。在课程与资格委员会的领导下,英国各界对关键能力(core competencies,也译为“核心能力”)进行了研究、开发,形成了关键能力国家标准体系,从而使关键能力的培养成为各种职业资格培训的核心目标和关键内容。

### 一、英国关键能力的发展

1979年,英国继续教育部在一份报告《选择的基础》中首次对关键能力做出了明确的规定,报告将培养个体的关键能力作为解决青年失业、促进个体职业生涯发展的重要手段。其规定的关键能力具体包括了11个方面,既包括了个体的职业基本技能和就业能力,同时也涉及“私人和道德规范”等内容。

随着关键能力培养理念在政府、行业企业、培训机构的广泛应用,英国的教育、劳动、商业和行业各部门均从自己的角度对关键能力的内涵和种类进行了阐释和实践,如1990年国家课程委员会在回复国务大臣关于英国16~19岁青年应具备的关键能力,侧重从交流能力、数理能力、信息技术、问题解决、外语、个人技巧等具有时代共通性特征的要素进行描述,而商业与技术教育委员会在1986年发布的《普通技能与核心计划》中,则更多地从个体职业生涯自我发展的角度将关键能力细分为12个要素。

经过近二十年的研究与实践,英国各界对关键能力的理解逐渐趋向一致,人文与技术、劳动与教育渐趋融合。1995年,英国教育部与就业部合并,建立了教育与就业部,在管理层

面上实现了教育与劳动的结合。1999 年，英国资格与课程委员会作为权威的资格与课程认定机构，对关键能力要素进行了调整，形成了目前英国职业教育界所规定的关键能力，该体系分为主要关键能力和广泛关键能力两类 6 项能力，主要关键能力包括与人交流、数字应用以及信息技术等 3 项，是国家职业资格证书课程的必修课；广泛关键能力包括问题解决、学习和业绩的自我提高及与他人合作等 3 项，没有做硬性的要求。

英国职业教育中关键能力的整体演变见表 2-1。

**英国职业教育中关键能力的演变**　　表 2-1

| 时间 | 发布机构 | 文本出处 | 关键能力要素 |
|---|---|---|---|
| 1979 | 继续教育部 | 选择的基础 | 读写能力；数理能力；图表能力；问题解决；学习技巧；政治和经济读写能力；模仿技巧和自给自足；动手技巧；私人和道德规范；自然和技术环境 |
| 1983 | 继续教育部 | 青年培训计划增补 | 交流能力；数理能力；信息技术；问题解决；动手灵巧 |
| 1984 | 英国人力服务委员会 | 关键能力手册 | 交流能力；数理能力；问题解决；实践技能 |
| 1985 | 商业与技术教育委员会及伦敦城市与行业协会 | 职前教育证明 | 交流能力；数理能力；信息技术；问题界巨人；个人/职业生涯开发；产业、社会及环境研究；社会研究；科学和技术；创造性发展；实践技能 |
| 1986 | 商业与技术教育委员会 | 普通技能与核心计划 | 交流能力；数理能力；信息技术；问题解决（跨学科）；与他人合作；自我发展；自我组织；研究和学习；信息分析；科学与技术；设计技能；实践技能 |
| 1989 | 英国工业联盟 | 朝向技能的革命 | 交流能力；数理应用；信息应用；问题解决；价值与正直；理解工作；个人技巧；处理变化 |
| 1990 | 国家课程委员会 | 16～19 岁的关键能力：回答国务大臣 | 交流能力；数理能力；信息技术；问题解决；外语；个人技巧 |
| 1991 | 商业与技术教育委员会 | 普通技能与总体方案 | 交流；数理应用；信息技术应用；问题解决；与他人合作；自我提高与管理；设计与创造力 |
| 1992 | 国家职业资格委员会 | 普通国家职业资格细则 | 交流能力；数理能力；信息技术；问题解决；个人技巧；外语 |
| 1993 | 伦敦城市与行业协会 | 普通国家职业资格细则关键能力 | 交流能力；数字应用；信息技术；问题解决；个人技巧（学习和业绩的自我提高）；个人技巧；（与他人合作） |
| 1996 | 学校课程与评价署 | 对 16～19 岁青年资格的回顾 | 交流能力；数字应用；信息技术；问题解决；自我学习管理 |
| 1999 | 资格与课程署 | 关键能力介绍 | 交流能力；数字应用；信息技术；问题解决；学习和业绩的自我提高；与他人合作 |

资料来源：高宏．英国职业教育中的核心技能及其培养研究[D]．石家庄：河北大学，2004

## 二、英国关键能力的应用与实践

### (一)英国关键能力国家标准体系

1999 年,英国国家资格与课程委员会(QCA)认定了 6 种关键能力,并在此基础上制定了关键能力的国家标准体系。见表 2-2。

英国关键能力国家标准体系要素表　　表 2-2

| 类　别 | 单　元 | 能力要素 |
|---|---|---|
| 主要关键能力 | 与人交流 | 参加讨论;收集原始资料;编制报告;报告的审阅和反馈 |
| | 数字应用 | 收集和记录数据;处理问题;解释和提供数据 |
| | 信息技术 | 准备信息;处理信息;提交信息;评估信息技术的使用 |
| 广泛关键能力 | 与人合作 | 确定合作目标和职责;实现合作目标 |
| | 学业和业绩的自我提高 | 确定目标;按照计划达到目标 |
| | 解决问题 | 明辨问题;解决问题 |

标准体系由主要和广泛关键能力两个大类和与人交流等 6 个单元的关键能力组成,每个关键能力单元均包含 2 ~ 4 个要素,关键能力标准中的各要素由两个部分组成,其一是带有强制性的、必须的组成部分,主要包括要素名称、操作标准、范围说明、证据证明等四个部分。其二是不带强制性的,包括详细说明和指南等内容,作为学习者学习参考、考核评价人员开展能力评价时设计考评方案的建议。各部分具体内容包括:

(1)要素名称。即对要素所包含内容的界定,具体分为五个等级,每个要素的名称一致,但具体等级的描述不同,在范围和难度要求方面随着等级的提升而增加,呈阶梯式发展过程。如"交流"能力的所有等级的第一个要素都是"参加讨论",等级 1 要求学生"和自己熟悉的人讨论常见的话题",等级 2 要求学生"与一定范围的人讨论常见的话题",而等级 3 则要求"与一定范围的人讨论一定范围的话题"。逐渐复杂和高级的要求是职业关键能力体系的主要特征。

(2)操作标准。是判断成功操作的精确性说明规范。确保包括教师、学生或培训对象、评定者、颁证机构均能够准确的理解要素包含的要求,以便为教学、学习、考核提供相应的依据。操作标准一般是综合性的描述,而不是过于详细到某个特定的人物或工作,例如:"参与讨论日常事务"能力要素包括 4 个操作标准,即:自己对讨论主题的贡献是明确和适宜的;自己的贡献是以一种适合于听众的语调和方式所表现的;专心倾听他人的贡献;自己对他人要点的理解要予以积极的核对和肯定。

(3)范围说明。一般是对学生为满足要素要求所必需知识、技能和理解力的广度、深度的规定,同时也对学生展示自己能力的情境和方式进行描述,例如:就讨论的形式进行描述:面对面形式、使用电话形式等,还可以根据讨论的对象进行描述,如与经常联系的人讨论和与不经常联系的人讨论等。

(4)证据说明。是对学生为了说明自己已经达到的操作标准和范围的要求,必须提交的证据的类型,这些证据是通过指定的任务、个案研究和以工作为本的活动所搜集到的,并按照相应的要求进行整理分类,形成能力证据夹,以待对自己的能力进行说明。

(5)详细说明。主要是对主体部分所用名次的解释,关键词条的意义和描述等,同时提供一定的实例,有助于使用者更好的了解能力要素的相关要求。

(6)指南。对教师、学生、评定者开展相应的能力学习和考评活动提出的相应建议,以期更为有效地开展相应活动,但并不要求使用者必须按照指南进行操作。

**(二)培养途径**

为有效的培养学生的关键能力,英国职业教育界采取了多种方式,包括单独的关键能力培训,融入职业学校的课程与教学、在普通教育中增加关键能力的培养内容以及通过普通国家职业资格证书等途径,具体做法如下:

1. 普通国家职业资格培训与认证途径

1992 年,英国国家职业资格委员会正式出台了普通国家职业资格(GNVQ),旨在发展和应用于广泛的职业领域的相关知识、理解力和能力。具体分为初级、中级和高级三个等级,完成规定数目的 GNVQ 后可以获得相应的 GNVQ 证书。GNVQ 单元一般分为职业单元和关键能力单元,职业单元具体分为必修职业单元、选修职业单元和补充职业单元三种,关键能力单元分为必须关键能力和选修关键能力两种。

目前,通过 GNVQ 培训和认证是英国职业教育界培养学生职业关键能力的主要途径。GNVQ 规定的职业关键能力按照英国国家资格与课程委员会的规定,必须的关键能力为交流、数字应用和信息技术三种类型,选修的关键能力是与人合作、学业和业绩的自我提高及解决问题等三种。学生获得任何一个 GNVQ 证书均需完成 3 个必须的关键能力单元并通过认证。

2. 职业教育课程教学途径

课程教学是学生或受训者获得职业相关知识和技能、态度和能力的主要途径。近年来,英国职业教育界逐步在课程教学过程中渗透职业关键能力的培养,使职业关键能力的培养贯穿职业教育整个过程之中,其具体做法包括:①在课程设置和课程内容中融入职业关键能力要素,这一般是与具体的职业活动情境相结合的,通过必须或选修性质的职业课程单元培养职业关键能力,例如在"实施测量"这一职业单元中,要求学生运用交流技能写一个测量报告、访问一些人并写出调查结果报告、需要学生利用数字应用技能来查阅结果和提供测量调查结果、采用信息技术利用传播网页来检验信息并打印出调查报告。②在教学方法和教学组织形式中渗透职业关键能力培养。强调采用以学生为中心的教学方法,运用问题导入、情境模拟和团队合作教学等形式,发挥学生的主动性和积极性,使学生相应的职业关键能力得到发展。这些改革对职业教育的教师提出了更高的要求,英国自 20 世纪 90 年代以来的职业教育改革中一直强调以学生为中心的教育理念,强调教师要善于引导学生明确问题所在,帮助学生寻求解决问题的方法。

3. 普通教育途径

英国不仅在职业教育与培训中培养个体的职业关键能力,同时也在普通教育环节加强了学生职业关键能力的培养。1990 年,国家课程委员会发布了"十六至十九岁关键能力"的报告,提出将为交流、数字的应用、信息技术、与他人合作共事及改进个人学习和行为等职业关键能力的培养纳入到 16 ~ 19 岁所有学生的课程学习之中。同年,英国国家职业资格委员会也在其"共同学习成果:国家职业资格与高级和高级补充水平中的关键能力"的文件中,强调要对接受普通教育的 16 ~ 19 岁学生增加职业关键能力培养的课程与教学内容。目前，职业关键能力培养不仅在 GNVQ、NVQ 中被全面贯彻实施，而且在 GCSECS 和 A – Level 资格获得的学习中也越来越多地被涉及和贯彻。

4. 单独的能力培训途径

英国有少数培训机构单独设置核心能力的培训课程，培训的课程主要是由各机构自己研发的，内容主要是核心技能中前三项即：交流、数字应用和信息技术。目前英国已确定了 21 个核心能力考核认证机构，也主要是对前三项进行考核。任何职业、年龄、学历的公民只要通过统一标准的测试就可以获得核心能力证书。

**（三）课程教学**

在英国职业教育的课程教学中，关键能力培养主要通过三种方式来体现，即整体体现、独立体现、渗透体现，具体做法如下：

（1）渗透体现形式。由于职业关键能力是一种不限于某一具体职业技能和知识的跨职业的能力，所以不可能凭借某一类专业或学科的教学而实现，因而，渗透培养形式作为一种主要的培养方式，在包括职业院校课程、普通教育课程中作广泛应用该策略，通过培育目标、课程内容、教学方法以及考核评价将有关关键能力的要求渗透在课程教学之中。

（2）整体体现形式。英国政府把关键能力的课程纳入了国家整体职业教育的改革中，在课程中增加职业关键能力的内容并把它作为重点。在各专业的职业课程中把职业关键能力分为必修和选修两部分，要求学生在完成专业课程外，还必须完成专业要求的必修的关键能力课程。

（3）独立体现形式。该形式在英国各类职业课程中所占比例很少，只有少数培训机构采用。它主要是单独针对核心能力（目前这些培训机构也只是培训核心能力中的前三项即：交流、数字和信息技术）进行的培训，并不考虑学习者的专业。通过考核后可以获得单独的核心能力证书。

**（四）能力考核与评价**

过去，英国的职业资格考核与认证基本上采取书面考试的形式，通过了相应的考试即可被认为是具备了某种职业资格。随着职业教育的发展，书面考试的覆盖面小、偶然性大，忽视能力和技能评价的缺陷越来越受人诟病，在职业工作场景中，也经常会出现具有职业资格证书却不能胜任相应职业工作岗位的情况。在这种情况下，英国职业教育界开始了注重能力发展证据、以成果为考核标准的职业资格考评改革。改革的核心思想是改变以传统的分数为标准、以卷面成绩为依据的考核方式，建立起以成果为标准、以证据为核心的职业能力考核认证标准体系。

关键能力的评估证据主要由学生和教师协商、咨询，并通过开展相关的教学活动如：专题讨论、项目调研、案例研究、实验室试验、企业实习、社会调查和项目设计、行业分析、采访等活动来积累评估证据自备的证据夹中，以备教师和评估人员的评估使用，并把这些证据装入每个学生自备的证据夹。一般而言，核心技能的证据收集包括以下 4 种：

（1）书面证据。具体包括项目调查报告、来往信函、口头和书面汇报资料、纸做的图片和表格、各项活动的筹备计划、最终计划和实施进度、财务记录、可行性研究报告、团队活动工作资料等。

(2)人工制品。包括现场或实验操作照片、两位或三维的艺术作品或设计作品、生产的产品、录音带或录像带等。

(3)所取得的资格证书、能力证书或业务证书;即认证对象以往获得的各类证书情况。

(4)旁证资料。包括由雇主或提供工作岗位的人员所出示的书面现场观察证据、用于调查学生服务满意度的客户调查问卷、其他人员所出示的辅助性的能力证明材料。

在评估方式上,英国对职业关键能力的认证和评估主要采取自我评估、内部评估和外部评估等方式相结合的方式进行。自我评估由评估对象自己参考能力标准和要求对自己的能力发展情况进行客观的说明,同时还要详细列出自我评估等级的相应依据。内部评估一般由是由评估对象的教师作出,主要根据能力标准和要求对评估对象在学习、调研、讨论和实习等活动中积累的证据开展评估。其评估不仅要考虑与相应能力标准和要求的符合程度,同时还要考虑学生搜集证据所表现出的独立性和创造性,对评估证据的数量和质量均有相应的考虑,尤其是对良好和优秀等级的评定,更强调学生所获得证据的质量。外部评估由颁发资格证书机构指派专门的评估人员进行,一般采用座谈、实际工作、案例分析或制定作业等形式对评估对象进行评估和打分。

## 三、主要特点及启示

### (一)主要特点

英国职业教育经历近三十余年的发展,取得了显著的成效。尤其在建立统一的国家职业资格标准、多种途径有效培养学生关键能力以及具有可操作性的能力考核评价等方面,为世界其他国家提供了可供借鉴的模式与经验,具体而言,英国职业关键能力的培养具有如下特点:

1. 形成了国家统一的关键能力标准体系

英国政府及各界经历多年的研究与实践,求同存异,在国家层面上建立了统一的标准体系,统一标准体系的形成,有利于职业教育院校、培训机构等根据标准开展相应的课程资源开发、教学实施以及资格证书认证等工作,有效地推动和保障职业关键能力培养的实现。

2. 形成了多种有效途径在普通教育和职业教育中发展学生关键能力

英国采取了包括开发独立的关键能力培养课程及证书、通过国家职业资格证书培养、在职业教育课程教学整体培养、在普通教育中有效融入等多个途径发展学生的职业关键能力,既实现了职业关键能力的全过程培养,也实现了普通教育与职业教育的有效融合,成为英国职业教育与普通教育相互渗透和融合的交叉点,促进了整个教育体系的发展。

3. 构建了一套系统完整、具有可操作性关键能力考核评价体系

英国通过国家标准和国家职业资格证书的建立,形成了从评价方式、评价流程、评价主体、评价佐证材料在内的一整套具有系统性、具有可操作性的考核评价体系,有利于客观、公正的评价每一位评价者关键能力的发展情况,得到了包括职业教育培训机构、行业企业界人士、学员的共同认可。

### (二)思考与借鉴

英国职业关键能力发展及实践应用情况的特点,对我国职业教育界发展关键能力的研

究与实践具有重要的借鉴意义和应用价值。

1. 发挥政府主导功能，在国家层面建立起统一的关键能力标准体系

目前，我国尚未正式形成国家层面的关键能力标准体系，可考虑由劳动与社会保障部联合教育部等相关部门，共同制定这一能力标准体系，细化对各项能力的要求与实施细则，发挥政府在职业教育统筹和指导功能。

2. 在多个领域探索多种有效的培养渠道，推进职业关键能力的培养

目前，我国对职业关键能力的培养实践多数以院校自发的改革与实践为主，在培养渠道上相对单一。建议由政府相关职能部门牵头，组织开展包括普通教育、职业教育、职业培训等多个领域进行关键能力培养的改革试点工作，促进各类教育在关键能力培养课程、教学、考核等方面的有效融通，拓展包括课堂教学、资格考试、证书考核等多种有效渠道。

## 第三节　美国职业关键能力培养

自20世纪60年代起，面对产业结构变化带来的劳动力就业结构变化以及职业变更加速等情况，为加强对青少年职业选择和劳动者再就业培训工作，美国教育部及劳工部结合自身的职能，相继提出了包括“工作岗位备就技能”、“必要技能”、“基本能力”等概念，虽然在名称、技能种类、标准与要求等方面存在着差异，但其本质与核心内容我们所论及的关键能力基本趋向一致，本节主要对美国工作岗位备就技能以及基本能力的基本内容及应用情况进行介绍。

### 一、美国职业关键能力相关概念的基本内容分析

#### (一)美国劳工部对关键能力的规定

20世纪80年代始，美国劳工部(DOL)在分析新技术和经济重大变革对劳动者技能，尤其是劳动者在具体工作情境中所需基本技能的巨大需求时，认识到适应现代社会需求的劳动者不仅需要理论知识，同时也需要较强的操作技能，只有具备较强的基本技能，才能实现高技能就业市场的要求。尤为突出的是刚刚参加工作的年轻人很难达到这一要求。为提出针对性的建议，美国劳工部委托有关部门开展了两项研究，其一是由哈德逊学院承担的对工作场所变化的研究，其二是由美国培训与发展协会(ASTD)承担的对雇员所需技能的研究。最终出版了1份报告和2本书。在相应的报告和书中，将关键能力细分为7个标准、5项能力和3种基础能力。随后，美国劳工部秘书委员会也正式发布了SCANS标准(Secretary's Commission for Achieving Necessary Skills)，对5项能力和3种基础能力进行了描述。

1. 七个能力标准[1]

(1)学习能力。包括学习基本技能的能力。

(2)基本能力。包括阅读技能、写作技能和计算机操作技能。

[1] S. J. Van Zolingen(荷兰)，唐克胜译，关键能力的获得及其在就业中的作用[J]. 机械职业技术教育，2004(1)

(3)交际能力。包括说与听的能力。

(4)适应能力。包括解决问题能力和创造能力。

(5)个人发展能力。包括自尊、动机和发展个人事业的能力。

(6)与他人共事的能力。包括人际关系的处理能力、谈判技巧以及集体工作的能力。

(7)影响力。包括组织与领导能力。

2. 五项能力

(1)运用资源的能力。分配时间、资金、材料与设备、人力资源等方面的能力,制定目标和突出重点目标的能力,以及分配经费和准备预算的能力。

(2)处理人际关系的能力。作为团队成员参与活动以及与他人交流的能力。

(3)理解体系的能力。了解社会、组织和技术系统是如何运行的,并懂得如何有效设计、改进和应用它们。

(4)驾驭信息的能力。确定所需要的数据并设法获得数据、处理和保存数据的能力。

(5)运用技术的能力。选择技术的能力以及在工作中应用技术的能力。

3. 三项基础技能❶

(1)基本技能。阅读、写作、算术、说话、倾听等方面的能力。

(2)思考技能。有创造性地思考,能够做出决策,解决问题,具有想象力,知道如何去学习和推理。

(3)个人素质。责任心、交际能力、自尊、自我管理、正直和诚实。

### (二)全美职业技能测评协会对关键能力的规定

1966 年,全美职业技能测评协会(NOCTI)正式成立,它是由美国联邦教育部研究局与 23 个州的教育部联合建立的,以开展职业教育研究、制定技能评价标准、开展职业技能测评等工作为主要目的。通过不断的探索与实践,该协会认为关键能力是那些能够直接或者间接提高工作效率及学业绩效的能力,并将其细分为 8 项能力,即:①沟通;②工作安全、健康与环境;③解决问题、批判性思维;④领导、管理、协作能力;⑤有效应用信息技术;⑥敬业精神/法律责任意识;⑦理解商业及相关组织体系的能力;⑧就业以及职业生涯发展的能力。

## 二、美国职业关键能力培养实践情况

### (一)SCANS 标准及技术准备计划的应用

美国劳工部对关键能力的规定所形成的 SCANS 标准(见表 2-3)主要应用于美国生涯技术教育❷中的技术准备计划。技术准备计划(Tech Prep)作为美国生涯发展教育的重要组成部分,自 1991 年开始实施,至今已有 20 余年历史,实施阶段自高中阶段最后两年到高中阶段后四年教学机构全面开展,主要参与的机构包括:综合中学、四年制的学院或大学、社区学院、地方职业技术学校、各类学徒组织以及私立教育机构。

---

❶ Secretary's Commission for Achieving Necessary Skills, http://www.docin.com/p-691927940.html

❷ 2005 年 3 月,美国参议院通过的《卡尔·帕金斯生涯技术教育 2005 年修正案》正式确定将原来的"职业技术教育"更名为"生涯技术教育"

SCANS 标 准　表 2-3

| 能力分类 | 能力细节 | 能力表现 | 能力描述 |
| --- | --- | --- | --- |
| 能力：雇员能有效使用 | 资源 | 时间 | 选择与目标相关行为、排序、分配时间、按进程进行准备 |
| | | 金钱 | 准备或运用预算、预测、记账、调整金钱策略以适应目标 |
| | | 材料和设备 | 更有效地获取、储存、分配和予以材料或者空间 |
| | | 人力资源 | 评定技能和分配工作，评价表现和提供反馈 |
| | 人及关系交流 | 团队合作 | 为团队作贡献 |
| | | 传授知识 | 交会其他人新技能 |
| | | 服务客户 | 满足客户的需求 |
| | | 领导力 | 为岗位获得公正交流意见、说服并让别人信服、刚玉挑战现行程序和政策 |
| | | 协商 | 交换资源，达到共同目标，包容各种意见 |
| | 信息 | 获取和运用信息 | 获取和评价信息、组织和维护文件、解读和交流并且运用计算机处理能力 |
| | 系统 | 理解复杂交叉关系 | 理解社会、组织以及技术系统、检查和纠正其表现，设计并提升系统 |
| | 技术 | 应对一系列复杂科技 | 对特定任务选取设备和工具，运用技术以及维护和利用技术解决问题 |
| 基础能力 | 基本能力 | — | 读、写、算术、讲和听 |
| | 思考能力 | — | 创造性思维、决策、问题解决、想象力、学习能力和分析能力 |
| | 个人素质 | — | 责任心、自我尊重、社交、自我管理以及忠诚等 |

资料来源：Julie Grevelle. The ABC of Tech Prep[R]. Waco：CORD，1999，(6)：22

技术准备计划的能力标准具体包括三个，即：学术标准、SCANS 标准以及技能标准，学术标准主要是对以传统学科和基础科学为主的学科学习要求达到的标准，主要学科包括数学、科学、英语、社会研究、历史等。SCANS 标准被定为“可雇佣性”能力，它比传统的岗位能力和大部分工作的代表能力更为广泛，可以看做一种通用性、可迁移的能力，即关键能力标准。岗位技能标准是与具体岗位相对应的“必须的知识、技能和思维习惯”，很多标准与现有岗位的岗位标准一致。

技术准备计划的课程开发和教学均遵循上述能力标准，其教材编写一般是在集合所有相关标准的基础上，通过分析、校验、比对等环节，开发与相关标准要求完全吻合的课程资源。在教学实施中，技术准备计划尤为注重采取情境教学（REACT 模式）来发展学生的关键能力，对学生学习的要求具体包括如下 5 个方面：

（1）关联性（Relating）。把学习融入生命体验的情境中，这种学习要求学生集中精力尝试把学习的情境放到每天的所见物件、事情以及发生情境中，当接受新知识的时候必须把他们运用到每天的情境中解决问题；另外，学生所学习的内容也建立在已经学会的技术之上，例如在电信技术课程的基础上增加关于激光，光线通讯方面的课程。

（2）体验性（Experiencing）。它是情境教学的“核心”。所有介绍性的学习策略，例如通过视频、听讲和本文教学，都被视为是消极方式。只有当学生通过动手操作设备和材料，这种学习才会让学生"领会"得更快。在德州的学术情境学习中，实验室的学习都是基于工作场景任务，这样做的目的不是让学生做特定的工作，而是让他们直接体验真实生活中的工作操作过程。很多实验室选取的活动都是跨行业的，以便于学生有更广阔的岗位视野。

(3)运用性(Applying)。教师引导学生在运用概念和知识的时候，要把他们设想在未来可能的职业或不熟悉的工作场景中，这种运用一般还是基于岗位操作。当前美国的年青一代不像前几代人，有些工作场景他们有时候很难直接参与，例如像铁匠铸铁或者农民在田里耕种。

(4)合作性(Cooperating)。学习分享、回应和与其他学习者沟通、合作——它属于情境教学中最基础的教学策略。这种合作体验不仅帮助大部分的学生学习知识，还让他们在现实生活中学会情境教学。调查发现，雇主认为能有效沟通的雇员通常都能够分享信息，在团队目标下能自在地工作，并能把工场所认同的价值放在很高的地位。基于同样理由，鼓励学生在学习时就培养合作技能是十分必要的。同样，学术性课程也可以用分组的形式进行教学。

(5)迁移性(Transferring)。引导学生基于掌握的知识，迁移、运用或重构他们的知识。这种学习方法与关联性学习相似，他们的共同点是"熟知"。根据心理学的调查，成年人大部分都避免不熟知的情境—不认识的镇、未吃过的食物、未去过的商场。有时候，成年人还会避免他们必须获取新知识或获取新技能的场景——例如运用新软件或者到毫无所知的国家。大部分传统的美国高中生，他们很少有机会能避免新的学习情境，他们必须每天面对。通过这样的学习，能帮助他们在新的学习中保持自尊感和增强自信心。

**(二)工作岗位备就技能测评系统**

工作岗位备就技能测评系统(WRA)是由全美职业技能测试协会通过与职业院校、工商业界紧密合作，经过广泛的问题收集，汇总、分析、测试、论证形成的能力测评系统。该测评系统采取在线机考的形式，通过学生在回答问题当中表现出来的能力倾向，综合衡量学生的能力发展情况，并分别给出 8 项能力的测评分数。测评时间一般为 1 ~ 1.5 个小时，采取分项随机选题的方式，考生共需回答 82 个题目，测试题目分布在 8 项能力的情况具体见表 2-4。

**WRA 测试题目分布情况** 表 2-4

| 能力名称 | 沟通 | 工作安全、健康与环境 | 解决问题、批判性思维 | 领导、管理、协作能力 | 有效应用信息技术 | 敬业精神/法律责任意识 | 理解商业及相关组织体系的能力 | 就业以及职业生涯发展的能力 |
|---|---|---|---|---|---|---|---|---|
| 试题分布比例(%) | 27 | 10 | 17 | 12 | 7 | 5 | 9 | 13 |

**(三)职业关键能力在 PDP 培训中的应用**

职业发展培训(PDP 培训)是由全美职业技能测试协会和技术美国[1]联合开发的以培养

[1] 技术美国是美国一家大型劳动培训机构，致力于通过学习、教育与就业三方面的有机结合，采取第三方公正公平认证方式，为用人单位提供合格人才

关键能力和岗位能力为目标的培训项目。PDP 作为与 WRA 相互配套的职业培训项目，它来项目设计和课程设计中有效地将 8 项关键能力融入整个培训体系之中，通过培训，既能满足学员 WRA 认证的需要，更为重要的是具有针对性的使学生掌握和不断提高各项关键能力。

PDP 共设有 5 个级别，即：发现级、学徒级、领导级、专业级和大师级。全部的 PDP 教程共计 60 个章节，建议授课学时为 45。该培训项目在课程设计上提供了大量的应用指导和行动训练，有助于学生将理论知识应用与实践。训练活动多重多样，有些是以日常工作为基础，需要学生将理论应用到实际工作之中；有些可能会要求学生运用相关的概念，讨论分析具体的案例；有些则要求学生结合自身的经历对新概念加以思考，检查对概念的理解，并对概念应用于具体工作情境的可行性加以评估。在教学实践上，多采用全方位教学互动、产学结合的先进教学方式，在教学过程中交叉使用小组讨论、案例研究、项目报告、技能评测、抛锚式学习等多种手段和方法，以全面加强对培训者实际应用能力的培训。

## 第四节　其他国家和地区职业关键能力培养概览

培养个体职业关键能力的理念，使之能够更好的适应快速变革的现代社会，实现职业生涯的不断成长与可持续发展，满足了经济社会发展和个体发展的客观需求，在世界范围内产生了广泛的影响。包括欧盟国家、美国、中国在内的诸多国家和地区均开展了大量的研究与实践，本节将主要对澳大利亚、新加坡、荷兰以及台湾地区的关键能力研究与实践情况做简单的介绍。

### 一、澳大利亚的关键能力研究与实践

澳大利亚以能力为本位的 TAFE 教育模式作为受到澳大利亚各界广泛认可，在世界职业教育具有较大影响的一种教育模式，具有以综合职业能力发展为核心、充分发挥行业主体作用、由国家制定统一资格证书、以市场和企业需求导向设置课程、以培训包为依据开发课程等突出特色。澳大利亚所提倡的能力本位，实际是包括职业能力、操作技能、关键能力在内的综合职业能力本位。关键能力作为其中重要的组成部分，在其国家资格证书标准、课程设置、课程教学中均有着相应的体现和应用。

#### （一）澳大利亚的关键能力诠释

在澳大利亚，关键能力一般被认为是一种有效参与正在出现的工作形式和工作组织所必需的能力，是在工作情境中综合应用知识和技能的能力，并认为其是“跨越行业与职业岗位的工作模式、工作组织形式中最行之有效的参与方式”。具有可迁移性，因而，在澳大利亚，关键能力也常常被称为迁移能力。目前，澳大利亚关于关键能力的要求一般包括以下七个方面：

（1）收集、分析和组织信息的能力。即对信息进行查找、评审和归类，以选择所需要的、并且以一种有效的方式将信息组织起来。不但要学会评价信息本身，还要对信息的来源以及获得信息的方式进行评价。

（2）交流思想和信息的能力。即运用语言、书写、图示以及其他非语言的表达方式（如手势、表情等）与他人有效地交流信息的能力。包括了解交流目的与交流对象、选择适当的

交流方式与形式、能够连贯简要清晰的表达，在必要的情况下对信息进行修正。

(3)设计和组织活动的能力。指能够充分利用时间和资源、排列事情先后顺序和控制自身行为的能力。包括确定活动目标、步骤，合理安排资源和时间，执行计划并监控自身的行为。

(4)与他人合作和团队协作的能力。指确定团队合作的目标、区分个体角色和责任的不同，达成一致性，在既定时间内完成个人应该承担的职责，对团队的工作做出应有的贡献并评价活动的过程和结果。

(5)运用数学思想和方法的能力。包括确定目标，选择合适的数学思想和方法，并应用这些数学思想和方法解决问题，检验结果。

(6)解决问题的能力。包括问题的提出与阐明，提出期望的结果，建立适合的策略和方法，并运用这些策略和方法解决问题，对问题的解决过程和结果进行评价。

(7)使用技术的能力。在理解科学技术原理的基础上，结合身体和感官技巧，应用技术操作设备来开发和改革系统的能力。

**(二)国家能力标准**

澳大利亚国家能力标准是由国家认证的国家职业资格的重要组成部分之一，具体指完成某项工作所需的知识、技能和态度。各行业的国家能力标准基本格式是一致的，均有能力单元、能力要素以及操作能力标准三个部分组成，能力单元是进行相应职业领域课程开发的基础，也是某一项职业能力资格的基础，一般包括四个要素：

(1)工作能力。指承担具体工作任务所需的能力。

(2)工作管理能力。管理许多工作任务，有序完成一项工作任务。

(3)事故处理能力。包括处理突发事件、改变常规做法、处理不能预料的或非常规事件、处理客户的不满。

(4)合作技能。从事一项工作时，适应或处理环境的能力及与他人合作技能，包括与客户或供应商相处、与权威的经营方式保持一致、遵守企业的政策或规定等。每个能力单元都有若干个能力要素组成的，每一个能力要素都有一个统一的操作标准，用来描述达到该项能力的所需要的态度、知识和技能。

**(三)注重关键能力培养的 TAFE 课程开发改革**

澳大利亚 TAFE 培训体系主要以岗位关键能力、核心能力为主进行课程改革，2002 年，澳大利亚商业和工业委员会与澳大利亚商业理事会完成报告—《未来的工作技能》所提出的工作技能框架，要求人们理解和使用各种工作技能特别是信息技术能力，不断获取新的技能与终身学习的能力，以关键能力为核心进行职业教育课程开发已经成为 TAFE 以后课程开发的趋势，这种“关键能力”主要强调运用知识和运用技能解决实际问题的能力及学生的表达能力、理解能力、组织计划能力信息运用能力、团队协作精神，更重要的是注重学生的技术迁移能力。

## 二、新加坡的关键能力研究与实践

新加坡是新兴的发达国家之一，其经济的迅猛发展得益于政府对教育的高度重视，在发展职业教育的过程中，新加坡没有简单地照搬别国的成功经验和模式，而是兼容并蓄、博采众长，立足本国、加以创新，形成了具有特色的"教学工场"模式，建立了新加坡劳动力技能资格系统，在政府的大力支持下，职业教育得以迅速发展。

新加坡劳动力技能资格（WSQ）制度是由新加坡劳动力发展局在2004年全面启动的一项重要措施，该措施旨在应对知识经济时代对人的职业能力所提出的新要求，通过建立统一的技能要求，开展相应的职业培训和职业资格认证工作，全面提升个体劳动者在不断变化的职业生涯中快速适应新环境、新要求的能力。WSQ体系以能力为本位，所要求的能力包括了基本能力（也称"就业必备技能"）和产业技能两个方面，其中基本能力指的是劳动者从事任何一种关注都需要的、不受产业以及具体工作岗位限制的能力类型，其本质也就是职业关键能力。

### （一）基本能力体系（ESS）

新加坡劳动力技能资格制度明确了两种技能体系，其一是基本能力体系（ESS），其二是产业技能体系，其中，基本能力体系具体指可以有效提高劳动者的工作效率，改善其工作能力，通用于各个行业，使各个层次的劳动者适应更具有挑战和复杂多变环境的能力类型。具体包括了10项内容：

（1）读写和计算的能力。

（2）信息处理与通信技术能力。

（3）解决问题与作出决策的能力。

（4）积极进取的职业态度与创业精神。

（5）交流沟通与人际关系管理。

（6）自我学习与终身学习的能力。

（7）全球化意识。

（8）自我管理能力。

（9）与工作相关的生活技能。

（10）身心健康与安全工作环境构建的能力。

在此基础上，新加坡劳动力发展局制定了上述10项能力相应的能力发展层次和能力标准，比如读写和计算的能力分为中级和高级两个层级，而交流沟通与人际关系管理等能力则分为业务、监督和管理三个层级。

### （二）基本能力培训与资格认证

为有效培养劳动者的基本能力，新加坡劳动力发展局将10项基本能力安排在3个系列的培训模块之中，分别是读写培训系列（WPL）、工作计算系列（WPN）和工作技能系列（WPS），每个培训模式都包含一系列的能力培训项目。学员在完成相应的培训课程后可以获得合格证书（SOA），在积累一定的合格证书后可以获得相应的职业预备证书（CRC），它可以证明学员具备了基本的就业技能和广泛的职业适应能力。职业预备证书具体分为业务、监督、管理等3个层次。

## 三、荷兰的关键能力研究与实践（S. J. Van Zolingen）

荷兰学者凡·佐林根认为"关键能力"是知识、洞察力、技能与态度，是一种职业或几种相关工作的最核心的组成部分。一个雇员有了这种资格，就能在同一行业内从事其他新的工作，就能在这个行业内进行创新。这是一个雇员一生中发展自己的能力的重要因素。根据这个定义，关键能力有以下6个标准。

(1)综合性标准。即具有基础性和永久性特点的知识和技能，能够应用于许多不同的场合，包括数学、语言与阅读、普通技术知识、普通语言知识、普通计算机知识、处理信息的能力、工作计划能力、质量意识和商业洞察力，跨学科知识。

(2)认知标准。即思维与行动的能力，包括发现问题解决问题的能力、抽象思维的能力、系统思维能力、智力适应性、学习方法的掌握、对材料的熟悉能力等。

(3)性格标准。即个人的行为，包括自立、责任感、精确性、自信、决断能力、创新精神、压力的应变能力、创造性、想象力、渴望成功的意愿、对事业的矢志不渝、明确现代公民的职责与权利等。

(4)社交与沟通标准。即口头表达能力、书面表达能力、对现代语言的了解能力；与同事、上司和顾客合作的能力。

(5)社会标准。即适应企业文化的能力，包括忠诚、认同、投入、遵守安全措施、进一步深造的意愿、遵守纪律、对自己所在组织的了解等；

(6)策略标准。即对自己的工作和兴趣持批评态度，对技术领域的决策及其产生的效果持批评态度等。

凡·佐林根非常强调关键能力在某一行业中的广泛适应性，关键能力是在一个行业内获得的，然后按照职业内容，在r作中进一步完善。这种在具体情境中获得关键能力的最大的好处是，如果存在适当的学习环境，所学内容与实际工作脱节的问题就可以解决。

## 四、香港地区的职业关键能力培养

自20世纪80年代以来，香港教育统筹局(2007年更名为香港教育局)及其下属的香港职业训练局推行以促进社会成员的“全人发展”理念，积极借鉴英国、澳大利亚等国的职业教育经验，制定职业资历框架和关键能力认证，改革课程结构，在教育过程中将关键能力的培养有效融入，形成了较为完整的职业教育体系。

### (一)九项共同能力

2000年，香港教育统筹局发布了《学会学习－课程发展路向》的文件，提出要制定一个灵活开放的课程结构，培养个体9种“共同能力”，即：协作能力、沟通能力、创造能力、批判思考能力、运用资讯科技的能力、运算能力、解决问题能力、自我管理能力、研习能力等。该文件还明确指出，“在这样的大变动中，每一个人都需要迎接新的挑战。沟通、自学、应变、合作、创新等能力，已是每个人在社会立足的必备条件。而品格、胸襟、情操、视野和素养，又是个人进步、成功与杰出的重要因素”。

### (二)七级资历架构体系❶

2004年，香港行政长官在其《施政报告》中宣布设立资历框架体系，作为香港人力资源长远发展的关键所在。同年的2月，香港行政会议通过了一个跨级别的七级资历架构和相关素质保证机制。2006年，香港教育统筹局正式向社会公布了一个通用于所有界别，贯通主

❶ 资料来源：http://www.hkqf.gov.hk/guic/home.asp

流学校教育、职业培训和持续进修等多方面经历的“七级资历架构体系”，见表2-5。资历架构中的能力大致可以分为两个大类，一类是通用能力，包括与人沟通、运算（数学）及信息科技；另一类是“个人素质”能力，包括个体品格等。这些能力都可以作为独立的科目进行学习和考核，并能为其他能力和知识学习提供基础。

香港7级资历架构体系　　表2-5

| 资历架构 | 同等学力 |
| --- | --- |
| 第七级 | 博士 |
| 第六级 | 硕士 |
| 第五级 | 学士 |
| 第四级 | 副学士/高级文凭/高等文凭 |
| 第三级 | 毅进文凭/副学士先修/香港中学文凭证书/香港高级程度会考证书 |
| 第二级 | 香港中学会考证书 |
| 第一级 | 中三程度（证书） |

为协助各行业制定符合自身行业特色、以能力为本位的具体资历和能力标准说明，香港教育统筹局成立了“行业培训咨询委员会”和20余个各行业的培训咨询委员会，通过广泛的意见征集，制定各行业具体的能力标准说明，该标准是对各行业对各级资历的具体说明，即各行业因应某一级别工作所需的知识、能力和条件所制定的基准条件。能力标准说明是培训机构设计相应培训课程的依据，学员通过相应的学习和培训后可以参加资历认证。

另外，台湾地区在职业教育和培训中注重职业关键能力的培养。台湾的职教育界和当局认为，只有在教育上培养关键能力，包括国文、英文、计算机、与人合作、学习的能力，让劳动者永远跟得上时代而不被淘汰，才是应对全球化最具前瞻性的作法。

## 本章小结　职业关键能力培养有着深厚的实践与理论基础

德国是职业教育较发达国家，“关键能力”培养理念也在这片职教沃土上产生，经过不断的发展，已经成为德国职业教育领域改革的重要内容之一。关键能力培养的理念得到了德国职业教育界的迅速响应，一批职业教育机构和研究者在此基础上开展了大量的研究与实践，并对关键能力的概念进行了发展，其中较具有代表性的包括德国联邦教育研究所与西门子公司合作形成了的关键能力五要素模型以及职业教育学者凯泽的五分类法。正是基于对关键职业能力的认识与重视，受劳动力市场和就业结构快速变化的影响，偏重职业岗位培训的职教理念开始向注重包括专业能力与关键能力的职业行动能力培养方向发展，德国通过法规将关键能力相关内容整合进职业教育，并通过人才培养目标方面的变革、融入关键能力的教学实施、“学习领域”课程方案改革、职业行动能力为核心的考核评价改革等，形成了一个促进关键能力培养的体系。德的关键能力培养与专业教育培养相结合的改革取得了巨大的成效，并成为德国经济腾飞的重要支撑。

英国职业教育中关键能力培养也经历了一个逐步演变的过程，为有效的培养学生的关键能力，英国职业教育界采取了多种方式，包括单独的关键能力培训，融入职业学校的课程与教学、在普通教育中增加关键能力的培养内容以及通过普通国家职业资格证书等途径，在全国形成了统一的关键能力标准体系，开发独立的关键能力培养课程及证书、通过国家职业资格证书培养、在职业教育课程教学整体培养、在普通教育中有效融入等多个途径发展学生的职业关键能力，通过国家标准和国家职业资格证书的建立，形成了从评价方式、评价流程、评价主体、评价佐证材料在内的一整套具有系统性、具有可操作性的考核评价体系，有利于客观、公正的评价每一位评价者关键能力的发展情况。

面对产业结构变化带来的劳动力就业结构变化以及职业变更加速等情况，为加强对青少年职业选择和劳动者再就业培训工作，美国教育部及劳工部结合自身的职能，相继提出了包括“工作岗位备就技能”、“必要技能”、“基本能力”等概念，并在职业教育领域通过SCANS标准及技术准备计划、工作岗位备就技能测评系统、职业发展培训等使得关键能力培养逐步规范化。

培养个体职业关键能力的理念，使之能够更好的适应快速变革的现代社会，实现职业生涯的不断成长与可持续发展，满足了经济社会发展和个体发展的客观需求，在世界范围内产生了广泛的影响，包括欧盟国家、美国、中国在内的诸多国家和地区均开展了大量的研究与实践。

# 第三章

# 职业关键能力培养的策略与模式研究

英国思想家约翰·穆勒认为,从理论本身的价值和意义上来看,教育理论都是始于某种目的和目标、旨在寻求达到目标的有效手段的实践性理论,而不是关于事实概括的结论的科学理论。关键能力理论作为一种教育理论,在当前的社会和教育环境中寻求有效的途径,实现个体关键能力发展目标,是其理论本身完善和价值彰显的内在要求。本章探讨职业关键能力如何从理念走向实践的问题,思考的逻辑按照归纳现有研究——寻找新的视角—发展新的模式顺序。

## 第一节　职业关键能力培养的主要策略与途径

关键能力如何在职业教育中有效实施,在寻找到了可能的载体后还需具体寻求其具体的培养策略,综合各国在关键能力培养方面的政策和做法,可以概括为四大策略。

### 一、现有的培养策略概述

#### 1. 整体策略

从国家层面来说,整体策略就是对职业教育的课程体系进行整体改革,把关键能力的课程纳入国家整体职业教育体系,在课程中增加关键能力的内容并把它作为教学的重要组成部分。如英国实施的国家职业资格(NVQs)和普通国家职业资格(GNVQs),各专业的课程内容都包括两个部分,即专业必修课和关键能力必修课,其中交流、信息技术和数字运用这三个方面的关键能力无论哪个专业的学生都必须学习并达到规定的标准,受教育者必须完成这两部分的课程才能获取相应的职业资格。美国劳工部也提出要在职业教育课程中增加处理资源、处理人际关系、处理信息、系统看待事物和运用技术等关键能力培养的内容。澳大利亚的 TAFE 职业教育中也把关键能力的培养列为课程的核心内容并发展出了考核受教育者关键能力发展情况的考核标准。总体来说,各国在开展基于关键能力培养的职业教育课程改革时,都较为关注课程目标的有效整合,使之不在局限在特定的专业知识和技能目标,而是把知识和技能的掌握、能力的发展以及培养良好的职业道德和素养等各类目标有机结合起来。

#### 2. 基础策略

基础策略就是在职业教育中加强基础知识和基本理论的课程内容。宽厚而扎实的基础知识是关键能力发展的基础,许多国家纷纷通过在职业教育中加强基础知识和理论的教学,通过在职业教育中推行职业基础教育年的做法，即在职业教育的第一年学生学习普通文化课和某一职业领域的基本知识和基本技能，第二、三年才开始分专业的培训，意在拓展职业课程领域，为关键能力的培养打好基础。如德国把450种国家承认的培训职业分为13大类，任何一种职业培训都要在第一年按照13大类进行基础培训，不分具体的专业，并在基础培训阶段开设德语、数学、英语、科学、历史地里等普通教育课程。法国也规定职业学校的第一年为基础学习阶段，除个别专业以外其课程设置与普通学校基本相同。

3. 渗透策略

渗透策略是指在职业教育各门课程的教学中均注意关键能力的培养。关键能力是一种超出具体职业技能和知识的跨职业能力，不容易单凭一门学科的教学来实现，所以把核心能力的内容通过职业课程的各门课程加以渗透培养❶。这也就要求各专业的教师都要树立起培养关键能力的意识，自觉地结合本专业的教学内容，灵活运用多种多样的教学方法培养学生信息处理、问题发现与问题解决以及与人合作等方面的关键能力。如英国在20世纪90年代开展的职业教育改革中，就明确提出要把学生的学习作为职业教育教学过程的中心，使学生成为具备自主学习能力的自主学习者。渗透策略的有效与否在很大程度上取决于教学过程中的活动主体——教师和学生，教师有意识的引导、创设利于学生主体性作用发挥的教学环境；学生积极主动、将教学内容内化为个体经验，开展有意义的学习，那么，培养其关键能力的目标就能实现。

4. 独立策略

独立策略是指由专门的培训机构开展关键能力培养的方式。目前还只有英国有单独针对其进行培训的机构。英国资格与课程委员会（QCA）在全国一万七千余个证书机构中，共批准了21个作为核心技能的考核和认证机构。这些机构开发并单独设置核心能力培训课程，这些机构对学习者的专业和学习水平并无要求，通过其考核即可得到单独的核心能力证书。

## 二、职业教育关键能力培养的途径研究

个体能力发展是伴随个体一生的过程，同时也是隐形的过程，说它是一个隐形的过程主要是说它是潜在的势，只有在具体的行动中才能表现出来，关键能力更是如此，它融合在个体的为人处世，做人做事之中，却难于被直接观察到。在职业教育过程中，个体的这些关键能力在某种程度上依然在缓慢发展，但要更为有效的促进这些能力的发展，我们需要全方位的寻找其各种可能的发展途径或者说载体，并使其从一种无意识或未被明确和关注的状态转变为一种有目的性、主动行为，最终内化为个体生涯中自在自为的行为。通过观察与分析，我们认为，在职业教育过程中，主要存在有以下几种途径：

1. 课堂教学途径

在学校教育过程中，个体知、情、意发展的主要途径在于课堂教学过程，它不仅是知识传授、技能训练的主要形式，也是个体情感、态度以及能力发展的重要载体。课堂教学有多种形式，不同类型的教育其课堂教学的形式也有所不同，如职业教育课堂教学形式主要有理论

❶ NVCQ, An Introduction to Vocational Qualifications: For Aged 16 and Over, London: NCVQ, 1992

教学、实践教学以及“教学做一体化”形式。我们认为，无论哪一种形式的课堂教学，也无论是公共基础课程、专业基础课程还是专业课程的教学，均是发展学生关键能力的有效途径和载体，关键在于通过课堂教学的系统改革，使之在教学目标、教学资源、教学组织形式、教学方法以及教学评价上服务于个体关键能力发展的需要。

要使课堂教学成为学生关键能力发展的重要途径，需对目前的职业教育课堂教学进行系统的改革。首先，在课堂教学的目标中需融入关键能力目标，改变仅仅由知识、技能构成的课程目标，把思维方法、情感态度以及任务完成的工作组织方式以及参与方式等予以明确，且这一目标需是明确的、具体的，可在阶段性的课堂教学成果考察中通过能力等级标准进行有效评价的。其次，在课堂教学资源开发和课程体系设置上，对以学科逻辑为基本原则的课程序化和组织范式，建立基于个体能力发展的课程内容组织和课程设置模式。指向个体顺利完成某项活动的能力发展具有工作逻辑和情境导向，课堂教学资源需选择具有代表性和典型性的活动任务，以完整的任务流程呈现活动任务，体现个体在具体活动任务中所需的知识、技能和能力的不断提高过程。再次，在教学组织形式上，要体现个体作为学习和能力发展的主体性地位，课堂教学不是个体被动的接受事先已经安排好的知识传授、技能训练过程，而是个体主动参与、积极思考，寻求问题解决途径并完成相应的出自活动实践、却高于活动实践的学习任务过程。有利于学生关键能力发展的教学组织形式重在创造利于学生参与、利于学生主体性作用发挥的有意义学习环境。而具体的教学方法，“教是为了学”，教学方法的选择标准也在于引导、帮助和推动个体的主动参与和主动学习。最后，改革以概念性知识掌握程度为主的标准化考察方式，在评价上既关注学生具体的学习结果，这种结果是在个体特定的任务完成行为中体现出来的，以完成相应等级的能力展示任务为依据。同时，也需将学习的过程，包括学习态度、任务完成过程中采用的方法等因素涵盖进来，以期更为科学、有效的确定个体能力发展的程度。

2. 工学结合与顶岗实习途径

一般意义上，我们所理解的工学结合也就是“在工作中学习、在学习中工作”，是一种将学习和工作有机结合的教育模式和学习模式。威尔逊 - 莱昂斯报告(1961，美国)曾对工学结合模式的实施情况进行了大范围的调查，并概括了该模式带给参与计划的受教育者的七大利益，其中，与学生职业能力发展密切相关的是：

(2)*使学生看到了自己在学校中学习的理论与工作之间的联系，提高了他们理论学习的主动性与积极性；*

(3)*使学生跳出自己的小天地，与成年人尤其是工人接触，加深了对社会和人类的认识，体会到与同事建立合作关系的重要性；*

(4)*为学生提供了通过实际工作来考察自己能力的机会，也为他们提供了提高自己环境适应能力的机会。学生们亲临现场接受职业指导、经受职业训练，了解到与自己今后职业有关的各种信息，开阔了知识面，扩大了视野；*

(6)*使学生经受实际工作的锻炼，大大提高了他们的责任心和自我判断能力，变得更加成熟。*[1]

---

[1] 陈解放．“产学研结合”与“工学结合”解读[M]．中国高教研究，2006(12)

由于工学结合对学生职业能力的发展具有不可替代的作用,是职业教育人才培养的本质要求,各国的职业教育均以一定的形式开展工学结合教育,我国目前所倡导的顶岗实习方式也是工学结合的一种具体形式。采取工学结合的顶岗实习途径发展学生的关键能力,还需要在实习目的、实习管理方式、实习内容以及实习成效考核中将关键能力明确列出,强调学生的自主管理和独立探索,引导其有意识地去发现工作活动中—关系到工作活动任务有效完成的各种因素—隐形的工作方法、人际关系等,并要求其在顶岗实习中具有独立自主精神去发现问题,利用相关的资源和环境来解决相应的问题,从而达到关键能力发展的目标。

3. 活动与第二课堂途径

从广泛意义上来讲,第二课堂是个体在学校期间,除在规定的教学时间内所开展的课堂教学以外所进行的促进个体发展的教学活动。在形式上包括了社团活动、科研学术活动、文艺体育活动、德育实践活动、技能培训活动、竞赛评比活动、讲座讨论活动以及各种社会实践活动等。由于社会实践的活动场所和环境因素较之其他类型的活动有较大的区别,我们将对社会实践途径予以单独考察。从作用和意义上来看,第二课堂作为第一课堂的有机延伸和有益补充,对学生知识、情感和能力的发展也起着重要的作用。同时,由于第二课堂强调学生的自愿参与和自主组合,既是学生全面发展、充分社会化的有效途径,更是作为个体个性彰显、特长发挥和能力发展的重要途径。学生在第二课堂中,能够以更为积极主动的态度,通过与具有共同兴趣、爱好和价值观念的同辈群体协作,就共同关心的问题展开自主探索,个体的与人合作、交流表达、自我学习、问题探究以及信息处理等方面的关键能力均能得到有效的发展。将活动和第二课堂纳入关键能力的发展途径中,作为教育者所需要考虑的问题是创设良好的活动环境,首先,在制度上肯定学生的主体性创造活动,甚至可以考虑将一些活动中展示出来的能力水平纳入学生学业考核的范畴;其次,在活动的目标和内容上予以引导,将活动中隐形的关键能力目标予以明确,并鼓励学生在活动中有意识地去寻求富有创造性、探究性的活动内容,使活动对个体的能力发展更为直接;最后,学校要对第二课堂和活动所需的设备、场地、图书以及其他教育教学资源予以支持和有效安排。

4. 社会实践途径

哲学意义上的社会实践是人类能动的改造自然和社会的全部活动。对于身处学校教育环境的学生而言,早期我们将学生的社会实践限定在根据人才培养目标,利用课堂教学以外的时间,也包括周末和假期进行的以参观、生产劳动和社会调查为主要内容的实践。笔者认为,对职业院校学生的社会实践而言,既需与专业实践—顶岗实习区分开来,也需把个体自主开展的社会实践,如寒暑假所从事的与所学专业无直接关系的兼职和工作包括进来,从这一思路出发,这里所指的社会实践主要包括两种形式,其一是由学校或学生社团统一组织的与专业训练没有直接关系的参观、生产劳动和社会调查;其二是学生在不影响学习活动前提下自主寻找的社会锻炼活动。学生的社会实践交往的对象、所处的环境与学校同辈群体和学校环境截然不同,个体需在真实的社会环境下寻找与人交往、寻求协助的有效方式,发现问题并独立寻找问题解决的途径,利用环境资源学会做事、做人等等,这些既是个体社会化的必经过程,也是个体应对挑战锻炼自身关键能力的重要途径。对于有组织的社会实践活动，选择利于学生关键能力发展的活动内容、形式并引导学生有意识锻炼和发展；而对于个体的自发性社会实践，重在鼓励其主动应对和积极应对，帮助其拥有正确的心态去面对社会，并给予必要的建议和方法帮助。

## 第二节　培养策略的发展研究

### 一、培养策略的发展——学习共同体的视角

从目前关键能力培养的实践策略来看，其关注焦点主要在课程与教学领域，无论是国家层面的政策和举措，抑或是具体的关键能力培养方式探讨，其指向的主要还是课程资源开发、课程设置与教育教学活动，而对其他关键能力的发展途径，诸如顶岗实习、学生活动和第二课堂以及学生的社会实践没有开展有意义的探讨与实践。我们认为，要更为有效的发展职业院校学生的关键能力，需要一个更广阔的视野，将个体能力发展的各种可能途径纳入实践范围。同时，我们也需要有一个有更为深入的观察，在个体学习意义获得和学生成为学习共同体成员的全新视角审视关键能力的发展问题。

1. 重新探究学习的意义

以联结心理学为基础发展起来的教育学把身体活动排除在学习之外，仅仅以观念为对象，忽视学习过程中媒介（包括客观世界、工具、他人等）的作用，形成学习的个人主义倾向，使得学习日益沦为一种知识“储蓄”（保罗·弗莱姆）的活动。重新探究学习的意义就是要谋求学习意义从知识技能“获得”和“储存”的活动转换为“表达”和“共享”的活动。维果茨基把学习的意义定位在沟通与交流上，学习首先是运用“心理学工具”－语言的一种社会活动（维果茨基）。建构主义认为学习的意义在于学习者在认知、解释、理解世界的过程中建构自己的知识，学习者在人际互动中通过社会性协商进行知识的社会建构（Philips）。从这一点出发，可以认为，学习意义的就在于沟通与对话，通过与客观世界的对话建构世界，与他人的对话结交朋友，与自己的对话形成自我❶。

2. 重构教学组织范式——学习共同体

基于现代工业主义与泰勒的“科学主义”原则发展起来的教学组织范式依然是目前高职教学的主要组织范式。这一方式的主要特征包括：事先预定的教学目标，教学和管理上定量的分析、精确的时间管理和动作管理、精熟的教案编写和包括提问、指导在内的精准的教学行为控制技巧。它依然关注的是作为课堂主体的教师如何将从其社会规范中形成的操作方式按照预定的步骤传授给学生，实现学生技能的复制和熟练度的上升，而对学生探究能力、问题解决能力、社会能力等的发展并没有得到应有的重视，采取现有的科学主义教学组织范式显然无法实现学生关键能力发展的目标。

基于维果茨基心理发展理论、社会建构主义发展起来的学习共同体是指为完成真实任务/问题，学习者与其他人相互依赖、探究、交流和协作的一种学习方式。它强调共同信念和愿景，强调学习者分享各自的见解与信息，鼓励学习者探究以达到对学习内容的深层理解。

---

❶ 【日】佐藤学著，钟启泉译．学习的对话－走向快乐［M］．北京：教育科学出版社，2005

学习者在学习的过程中,与同伴开展包括协商、呈现自己的知识、相互依赖、承担责任等多方面的合作性活动❶。国外的研究者将学习共同体主要分为实习场和实践共同体两个层次的构建水平,并对不同层次上形成的成功教学组织形式进行了研究,实习场主要解决了从心理学上建构学习共同体的设计问题,主要的教学组织范式包括彼得·圣吉的学习型组织模式以及基于问题学习的模式和认知学徒制模式。实践共同体在实习场的基础上,从关注个人在合作环境中的活动,转向关注个体与共同体以及与共同体中的参与方式的连接❷,进一步促进了成员在学习和社会实践中的共同体身份的建构,其典型范例是儿童网络课程和 COT 项目模式。

学习共同体的假设充分尊重学习者的异质性,重构学习者之间的社会结构和对话机制,回复社会协商对知识建构和学习创新的重要作用,围绕知识的建构性、社会性、复杂性和默会性,对学习和教学的组织形式进行重新建构。基于学习共同体理念的高职教学组织范式包括以下特特征:学生的分组按照异质原则而不是同质原则。学生之间、学生和教师拥有共同的共同体成员身份,教学成为共同体成员之间在尊重差异、共同合作的基础上通过合法性的边缘参与建构成员的身份和意义的过程,强调由师生基于共同的价值观、理想、信念而形成的共同目标,学习的过程是这一共同目标实现的过程,这一共同目标虽源于具体的教学目标,又高于具体的教学目标,它与教育实现个体的发展具有同质性。学生主题探究的过程、问题解决的过程以及或学生小组协作的过程得到充分尊重和重视。

3. 重塑师生关系——学习共同体成员

最初的师生关系是建立在教师作为成人世界的代表,帮助未成年儿童完成其社会化,成为合格社会成员的假设之上的,教师和学生是处于不同权力等级的上下级关系,教师是师生关系的主导者,是权力的拥有者,而学生是完全被动接受的一方,授受制课堂教学正式基于这种师生关系基础上得以形成。其后,在社会契约论以及市场原理的背景下,师生关系建立在权力让渡和市场选择假设之上,教师向学生传授其社会化的必要知识、技能,作为回报,学生及受益人群给予教师应有的物质生活资源以及必要的尊重,这一改变只是在理论上实现了师生关系在作为社会人基本权力的平等,在教学过程中,教师的主体性控制地位没有实质性的改变。主要表现在教师控制着教学内容、学习进程和步骤,教师处于控制地位,拥有实际性话语权,并对全程进行监控,及时纠正学生的错误以及不符合程序的动作,学生只是简单的复制这一过程。“这种统治与被统治的关系由于一方在年龄、知识和权威等方面的有利条件和另一方低下与顺从的地位而变得根深蒂固了”❸。无论教师作为成人世界代表的假设还是社会契约关系的假设都无法解决师生关系的实际不平等问题,平等师生关系的建构有待引入新的前提假设。

基于社会盟约关系的学习共同体假设建立在尊重个体差异的基础上,把师生关系纳入了共同体平等成员关系的范畴内,将原来的师生授受关系还原为真实的社会文化关系。它

❶ 钟志贤. 知识建构学习共同体与互动概念的理解[J]. 电话教育研究,2005(11)

❷ 戴维·H·乔纳森,郑太年译. 学习环境的理论基础[M]. 上海:华东师范大学出版社,2002

❸ 联合国教科文组织国际教育发展委员会编著. 华东师范大学比较教育研究所译. 学会生存—教育世界的今天和明天[M]. 上海:上海译文出版社

根据的是对他人的尊重、公正和赏识，同时接受他人的伦理学，是差异内和平的合作。它受到一个参加全体共同体的人们相互联系、相互依赖的网络隐喻的鼓舞❶。教师不再作为成人世界的代表或者独占知识话语权的存在与学生进行交流，学生亦不作为被社会化的对象和知识技能“复制”的个体存在。教师和学生在尊重个体现存差异的基础上，基于对共同体成员共享目标、价值观和理念追求的责任和义务，开展共同的知识建构和社会意义建构活动，发展基于尊重和信任的交往与关系，鼓励分享思想、揭露无知、质问疑难和耐心倾听，不断发展作为共同体成员的身份和自我意义建构，新成员通过适应逐步从边缘参与者变成核心成员，并将共同体拓展，实现共同体组织的自我更新。

4. 转变课程模式——主题中心课程模式

高等职业技术教育与普通高等教育在人才培养目标上处于两个不同的谱系，普通高等教育基于精英教育的传统，重视学科的系统性和学科建制的完整性，学科中心的课程模式在普通高等院校中应用非常广泛。而高职教育基于产业主义和市场原理的实用型人才培养，必然要求其重视劳动力市场的客观需求，理论知识以“够用为度”，以工作需要为出发点，运用工作分析法开发高职教育课程。但产业主义和重视市场需要的课程模式本身存在有缺陷，这一缺陷是与市场运行规律重视短期效应相关联的，从目前高职教育中应用较为广泛的职业教育课程模式，包括核心阶梯课程模式、能力本位课程模式、模块式技能组合课程模式、职业群集课程模式以及群集式模块课程模式等来看，都没能有效地解决劳动者有效掌握具体职业技能和职业技能不断更新、自我发展的关键能力培养的问题，关键能力培养的教育理念在实际的高职课程模式中没有得到应有的重视和实践。

以主题为中心的课程模式将原来分属不同学科的知识、不同具体职业领域的技能以“主题”与“问题”为中心，打破学科本位界限，打破具体职业岗位技能界限，以设定了的“主题”和“问题”作为综合的单元来组织教学内容，开展学习活动。以主题为中心的课程模式重视学生问题解决能力和批评性思维的发展，构建“以学生为中心”的学习情境，学生在设定的主题前提下，作为共同体中的平等成员与同伴通力合作，选择问题解决的有效路径，学习的快乐寓于问题探究的本身体验，而不仅仅是目标的达成。在主题探究的过程中，课程内容不再作为“阶梯式”课程既定的序列化组织形式出现，而以“登山型”课程可供选择的途径组织❷，学生的问题解决能力、团队协作精神、创新意识在主题探讨的过程体验中得到充分的发展。

5. 知识向度的转变——知识默会维度

完整的知识可以分为明确知识(explicit knowledge)和默会知识(tacit knowledge)两种类型(布兰尼，1958)。明确知识以确定性、系统性和客观传递为基本特征，而默会知识更为强调知识本身的复杂情境性、个体意义建构为特征。明确知识在学科中心的普通高校教育教学中得到了充分的强调，也给我国新生的高职教育带来了不可避免的影响，以明确的知识、技能获得的明确知识向度在高职教育中仍然有着不可估量的影响。

---

❶ Furman, Gail C. "Postmodernism and Community in Schools: Unraveling the Paradox," Educational Administration Quarerly 1998

❷ 【日】佐藤学著，钟启泉译．学习的对话－走向快乐[M]．北京：教育科学出版社，2005

随着国内高等职业教育由规模扩张型向内涵发展的转变，对高职教育“以服务为宗旨，就业为导向，技能为核心，素质为根本”的人才培养目标的深入理解，进一步提高高职教育人才培养质量成为日益关注的问题。探索明确知识与默会知识互动与相互转化，从而形成完整的知识统一体。依据重要知识和技能的默会本质，利用情境原则和学习意义建构的原理，重新设计高职教育的学习情境，让隐含在人的行动模式和处理事件的情感中的默会知识在与人、与情境的互动的发挥作用，并使得默会知识的复杂性与有用性随着实践者经验的日益丰富而增加。基于此，无论高职理论教学还是实践教学的情境设置均还原为真实的社会文化环境之中，作为社会文化成员，作为学习共同体成员的学习者在真实的学习环境中完成对知识意义的建构、对社会交往意义的建构，对自身意义的建构。

*6. 改革评价体系—学习意义的获得*

传统的终结性评价以来自学生之外的群体或个人(政府、教育评价专家和教师等)为评价主体，注重学生阶段式学习目标达成，注重高职学生明确知识、具体操作技能掌握，采取可量化的标准化评价操作方式，设定各个发展阶段的明确观察点，以是否达到标准的二元化评价为模型，将学生问题解决能力、团队协作、探究创新精神等为中心的关键能力发展，学生在真实环境下学习意义建构的默会知识向度排除在评价范围之内，评价的意义在于学生“学力”的评判和以此为基础实现社会分层和社会流动。

注重培养高职学生的关键能力，把学习实践视为主体意义建构的活动，“学习即对话”的隐喻必然要求高职教育评价体系的颠覆性改革。学生作为学习共同体中的平等成员必然成为教育评价不可或缺的主体，根据对共同体目标达成的责任和贡献对自己在发展共同体成员意义建构的过程中做出默会向度的体验性表达，共同体成员意义的形成性评价成为最为重要的评价方式，学生对学习共同体意义的建构与发展成为评价的主要依据。评价的意义在于学生作为共同体成员的身份认同和意义发展，利用形成性评价促进共同体成员由共同体边缘向中心成员的发展，实现学习共同体的不断拓展和自我更新。

## 二、策略体系的构建:“4 策略 +5 载体 +6 要素”体系

策略作为实现目标的方案集合，是围绕关键能力培养目标有效实现的多种方案选择。但关键能力目标在层次上包括了人才培养目标、课程目标、教学目标，在外延上又可以具体分为交流与表达、与人合作、问题解决等多个细项。简而言之，是一个多层次、多要素的目标体系。因而，在具体的策略和途径/载体选择上，有必要结合不同层级、不同要素的目标，选择更为适宜的策略和载体，以期更为有效的培养职业关键能力。我们从目标要素的细化出发，对策略和载体进行有效的梳理，结合各种策略和载体的特点，可以构建更具有针对性的策略体系。

*1. 结合时代特点，明确高职学生关键能力发展的6个要素*

在比较分析德国、英国、美国、澳大利亚以及国内有关机构对关键能力要素分类的基础上，结合现代信息社会特点，将信息检索与处理能力纳入，根据职业教育的特点，将包含个体职业态度、职业准则等内容的职业道德要素纳入，形成了具有时代特点和职业教育特点的6个关键能力目标要素，即:交流表达能力、团队协作能力、问题发现与解决能力、自我学习能

力、信息检索与处理能力、职业道德。

2. 遵循能力发展规律,形成强化学生关键能力的4种策略

遵循个体能力发展的客观规律,将强化学生关键能力培养贯穿其在校学习、生活的全过程,采取专门的关键能力专项训练课程和在专业课程学习中有机渗透的方式,并注重激发学生学习兴趣,充分发挥学生的主体性作用,形成学习共同体,促进学生关键能力发展。形成了强化学生关键能力培养的4种策略。即:整体策略、独立策略、渗透策略和学习共同体策略。

3. 拓展能力发展渠道,搭建强化学生关键能力培养的5类载体

在形成关键能力培养策略的基础上,积极拓展关键能力培养的渠道,使培养策略从理论分析走向教育实践,搭建了强化了学生关键能力培养的5类载体,即:课程学习学生活动与第二课堂顶岗实习社会实践毕业设计。

在关键能力目标分析、策略分析和载体搭建的基础上,根据各能力要素自身的特点,以渗透策略为主要策略,选择各类关键能力发展的主要载体和辅助载体,形成了"4策略+5载体+6要素"强化学生关键能力的培养策略体系。详见表3-1。

**"4策略+5载体+6要素"强化学生关键能力的培养策略体系** 表3-1

| 关键能力要素 | 培养策略 | 培养载体 | |
|---|---|---|---|
| | | 主要载体 | 辅助载体 |
| 交流表达能力 | 渗透策略<br>整体策略<br>独立策略 | 社会实践<br>学生活动与第二课堂<br>顶岗实习 | 课程学习 |
| 团队协作能力 | 独立策略<br>渗透策略<br>共同体策略 | 顶岗实习<br>学生活动与第二课堂 | 课程学习<br>社会实践 |
| 问题发现与解决能力 | 独立策略<br>渗透策略 | 顶岗实习<br>毕业设计<br>学生活动与第二课堂 | 课程学习 |
| 自我学习能力 | 独立策略<br>渗透策略<br>整体策略 | 毕业设计<br>活动与第二课堂<br>顶岗实习 | 课程学习<br>社会实践 |
| 信息检索与处理能力 | 独立策略<br>渗透策略 | 课程学习(计算机类、信息类课程)<br>毕业设计<br>顶岗实习 | 学生活动与第二课堂<br>社会实践 |
| 职业道德 | 渗透策略<br>整体策略 | 顶岗实习<br>课程学习 | 社会实践 |

## 第四节　提升学生职业关键能力的"四位一体"教育模式研究

从前文对关键能力培养策略与途径的梳理中，我们更为深刻的认识到，作为一种具有共通性和基础性的能力类型，职业关键能力的培养应是一种全方位、多层面的行为。要使学生的职业关键能力得到有效的培养，有必要从目标、课程、教学及评价等方面开展系统的设计，构建相互支撑、融通的关键能力教育模式。

### 一、模式内涵与意义

#### （一）内涵及主要特征

"四位一体"教育模式是基于整合主义职业能力观发展起来的一种关注个体职业生涯发展的职业教育形式，它以受教育者的关键能力和专业能力共同发展为目标，融培养目标、课程与教学内容、教学方法和教学评价等四个方面于一体，以能力目标体系构建为基础、以课程体系建设和载体资源开发为重点、以学习共同体等教学组织形式创新为抓手、以发展性能力评价模式改革为动力与保障，将面向具体职业岗位的专业能力培养与在不同情境中学习、适应和发展的职业关键能力培养有机融合起来，使学生既具备从事具体职业岗位所需的特殊知识与技能，同时也具备在职业生涯中不断学习、发展的方法能力和社会能力。其具有以下三个方面的典型特征：

（1）全面性和发展性。不仅关注个体专业知识、技能等智力因素的培养，同时也注重个体非智力因素，诸如个体自主学习、职业道德素养、社会交往、团队协作等能力因素的培养。其目标不仅指向个体获得胜任具体职业岗位所需的知识和技能，同时也指向个体在具体职业岗位的进阶、适应不同职业岗位的学习能力和情境迁移能力，实现个体职业生涯的不断成长。

（2）融通性。在教学内容选择、教学活动组织中注重将个体专业能力与关键能力要素培养有机融合起来，通过不同能力培养内容的相互渗透，使个体的综合职业能力得到全面的发展。

（3）持续改进。在教学目标、教学实施以及学业评价方面具有持续改进和发展的特征。其教学评价以及学生能力发展评价均着眼于对教育教学活动的持续改进，从而使得教育教学活动能够更有利于个体综合职业能力的发展。

#### （二）意义分析

首先，该模式是职业教育本质属性的体现。教育是促进个体全部潜能得到有效发展的活动类型，职业教育自然也不例外，从根本意义上来讲，职业教育要将个体知识、情感、技能、态度等方面的全面发展，黄炎培先生在论及职业教育的目的时，将"谋个性之发展"列为其一，也是对职业教育承担的不仅是一种技能训练，更是个体人格、道德情操以及生活态度等方面的认识，职业教育之于人的全面发展，本身就是其本质属性的要求。以融合个体智力因素和非智力因素的综合职业能力为其目标，在课程内容选择、教学组织和教学方法选择时注重关键能力要素的有机渗透，从而促进个体知识、技能、情感、态度的共同发展，这正是职业教育促进个体全部潜能发展本质属性的体现。其次，是职业教育适应现代信息社会的体现。

以知识和技术革新为主要的社会发展推动力的现代信息社会对社会产业结构、劳动组织形式和劳动力就业结构产生了深远的影响。知识生产和知识更新加速,产业结构和劳动力就业机构快速变化对劳动者提出了更高的要求,劳动者不仅应具备有从事具体工作的知识和技能,更应具有在工作中不断自我学习和发展的方法能力和社会能力,联合国教科文组织曾指出“21 世纪的文盲不是没有知识的人,而是‘不会学习’的人”。这一要求也对教育,尤其是直接培养社会生产所需劳动者的职业教育提出了更高的要求。该模式将包含学生自我学习、团队协作、问题解决的关键能力要素发展作为其目标之一,使个体在其职业生涯中具备有一定的学习能力和职业迁移能力,正是职业教育主动适应现代信息社会的表现。

## 二、模式框架与内容

从职业教育促进个体从事具体岗位的专业能力与在职业生涯中不断学习和发展的关键能力共同发展的理念出发,我们主要从目标、课程设置、教学策略与教学组织形式选择、学业评价体系等方面探索综合职业能力教育模式的构建问题。

### (一)专业能力与关键能力共同发展的人才培养目标

人才培养目标作为学校通过具体的人才培养活动,使受教育者心身等方面达到的总体要求与预期结果,它综合反映了国家、社会、学校对其所培养人才的总体期望和要求。综合职业能力教育人才培养目标的设计,首先是对职业教育目标的分析,职业教育作为与经济社会发展联系最为紧密的教育类型,其所培养的人才类型应是能够从事社会生产、建设、管理、服务一线的技术技能型人才,应培养学生具备与相应岗位所需的专业知识与技能;同时,从个体全面发展和职业生涯发展的需要出发,需培养学生具备自我学习的方法能力和社会能力,综合以上因素,“四位一体”模式的人才培养目标主要包括两个组成部分:

(1)专业能力发展目标。专业能力作为个体从事特定职业岗位或岗位群所必需的知识及技能,是劳动者胜任职业岗位工作、完成工作任务的基本能力要求。专业能力发展目标的确立要与专业具体面向的职业岗位和岗位群联系起来,通过职业岗位分析和岗位任务分析,确定具体专业所培养的专业能力细项,一般而言,专业能力发展目标主要包括专业岗位知识、工艺流程掌握程度、工艺熟练程度、实践操作能力、检查维修技能、新材料、新工艺、新技术及新设备的应用能力和推广能力的描述。

(2)关键能力发展目标。关键能力作为个体在职业生涯中应具备的学习能力和职业迁移能力,是从事任何职业都需要的、适应不断变化和飞速发展的科学技术所需的能力,具有普适性、迁移性等特征。它主要由方法能力和社会能力。其中,方法能力又可以细分为自我学习能力、独立思考能力、分析判断与决策能力、获取与利用信息的能力、学习掌握新技术的能力、革新创造能力和独立制订计划的能力等;社会能力则包含了社会责任感、参与与团队协作能力、交流与协商能力、心理承受能力、批评与自我批评能力、诚信与职业道德等。

为了实现从培养目标向课程目标最后到教学目标的有效转化,采用德尔菲法,经归纳能力要素、整合转化培养目标、细化教学目标,形成了包含 3 个层次、21 个能力要素的职业关键能力目标体系(见表 3-2)。

高职学生职业关键能力目标体系 表 3-2

| | 一级能力要素 | 二级能力要素 | 三级能力要素 |
|---|---|---|---|
| 职业关键能力 | 社会能力 | 交流表达能力 | 1. 语言表达;2. 写作能力;3. 阅读与鉴赏 |
| | | 团队协作能力 | 1. 尊重与信任;2. 团队认同;3. 计划与分工 |
| | | 职业道德 | 1. 职业态度;2. 职业品质;3. 工作纪律 |
| | 方法能力 | 问题发现与解决能力 | 1. 问题发现;2. 问题分析;3. 问题解决方案制定与决策;4. 执行解决方案 |
| | | 自我学习能力 | 1. 学习目标制定;2. 学习内容确定;3. 学习方法选择;4. 学习结果评价 |
| | | 信息检索与处理能力 | 1. 信息检索;2. 信息整体;3. 信息分析;4. 信息展示 |

**(二)"专项+融合"的能力进阶课程体系设计**

课程作为教育目的实现的重要途径,它集中反映了一定的教育思想和教育观念,同时也是组织具体教学活动的主要依据。从个体综合职业能力发展的理念出发,提升学生职业关键能力、促进个体全面发展的"四位一体"教育模式的课程设置在整体上应体现能力进阶发展的客观规律,设置不同能力发展阶段的课程;同时,虽然能力是作为一个整体发挥作用,但在能力培养的具体课程设置中,应有所侧重发展某项能力要素,形成既有侧重又相互融合的课程。基于以上认识,该模式的课程设置从类型上主要包括:关键能力培养专项课程、融入关键能力要素的专业课程和能力综合提升类课程。其中:

关键能力培养专项课程的设置主要根据主要关键能力要素的特点设置,按照职业关键能力的主要要素,开设不同的专项课程,提升学生的职业关键能力。

融入关键能力要素的专业课程的设置主要应根据专业所面向的职业工作岗位,基于职业岗位的工作任务,确定相应的学习任务和学习情境,并依据工作任务系统化原则序化组织课程。同时,结合专业和课程的特点,将相关的关键能力培养内容融入,形成具体专业的专业能力培养为主、兼顾关键能力培养的课程类型。

能力综合提升类课程的设置注重能力的综合运用与提升。一方面,注重以真实的工作任务环境为载体,要求学生通过综合运用各类能力要素完成相应的学习任务;另一方面,要根据学生综合职业能力的发展情况,设置相应能力阶数的学习任务,使个体的综合职业能力得到逐步提升。如"春运服务"顶岗锻炼项目、"移动应用开发"专项技能训练项目、"志愿者服务"社会实践项目等。

整体上,上述三类课程既单独设置,又相互联系,使得学生的关键能力与专业能力得到共同发展,并在能力综合提升类课程中得到实际性运用和有效提升,形成了"专项+融合"能力进阶发展的课程体系,如图 3-1 所示。

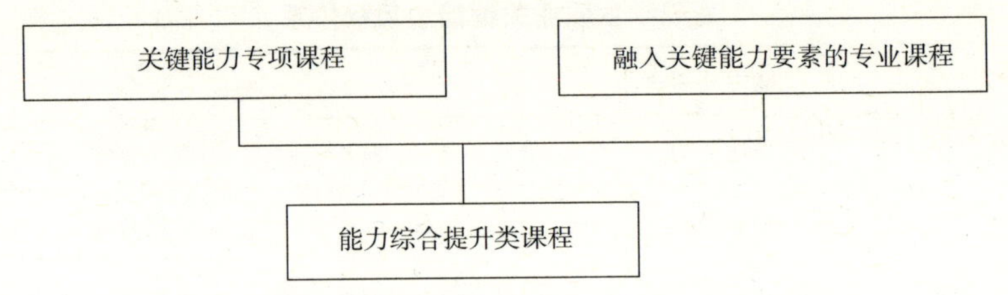


图 3-1 “专项 + 融合”能力进阶发展的课程体系示意图

**(三)教学策略与教学组织形式选择**

教学策略的总体设计包括教学预备活动、内容的展示、练习和反馈、测试、总结等活动[1],是对教学活动的过程(程序)、方法、形式以及媒体选择等因素的综合考虑。能力作为个体完成某项任务的个性心理特征,具有隐蔽性特征,只有在具体的任务情境中才能得以体现和发展。因而,在促进学生综合职业能力发展的教学实践中,笔者认为,采取主题(项目)教学策略和团队合作教学组织形式较为适宜。

1. 主题(项目)驱动的教学与学习策略

主题(项目)驱动的学习强调采取真实性的问题情境,灵活运用启发式和以学生行动为导向的教学法,激发学生的学习兴趣,让学生在真实的任务情境与客观世界对话,与他人对话,与自己对话,从而完成对客观世界、对他人、对自我的意义建构,主题(项目)驱动的学习方式有利于学生问题处理、团队协作以及自我学习等方面关键能力的发展。在具体的教学环节设计上,可以分为主题(任务)情境的设置与分析、陈述性知识的阐述和运用、问题的具体处理以及一般化和建立普遍性联系四个阶段:①问题情境的设置与分析阶段。可以采取案例、项目、模拟训练以及对情境描述或模拟的方式激发学生的动机,形成感知和分析问题的能力。抛锚式教学的问题呈现正是基于这样一种教学策略。②陈述性知识的阐述和运用阶段。陈述性知识是问题解决的基础。按照个体认知发展的规律对知识进行重构并掌握新的知识,采取的策略可以是传统的课堂教学模式、自我控制的学习策略,也可以采取运用小组活动中的社会交往等方式。③问题的具体处理阶段。学生的学习活动始终处于一种主动积极的创造过程之中,目的在于借助对知识的重新组织和自我意义建构以及学生对问题情境的具体观点等,逐步形成学生作为社会成员必备的价值观、体现个体特征的能力以及社会能力。④建立普遍性联系。则是将个体或团队的知识和意义建构在更大范围内呈现,并通过对话、评价与自我评价等方式形成更为一般化的知识,建立起普遍的联系。

2. 团队合作教学组织形式

团队合作教学组织形式一般是将学生按照某种原则和方法分成一定数量的学习团队,通过对团队成员角色和学习任务的确定,使团队具有共同的学习目标和共享的价值观念,形成团队荣誉感和归属感,共同进行学习、完成学习任务。分组的原则一般包括异质和同质两种,异质分组是综合个体的性别、性格、能力发展水平等因素将不同类型的学生列为一组;反之为同质分组。在团队人员数量上,一般以不超过 6 人为宜。该形式鼓励学生通过团队合作自主协作的完成学习任务,能够较好地激发学生的学习积极性和学习兴趣,提高学生问题

---

[1] 盛群力,李志强. 现代教学设计论[M]. 杭州:浙江教育出版社,2001

发现和解决、团队沟通与协作等方面的职业能力，使个体在共同协作的过程中完成学习任务，并促进个体综合职业能力的发展。

**（四）能力发展的学业评价体系设计**

学业评价是根据学生知识掌握程度、技能熟练程度以及完成具体工作任务的程度等来判断教育教学活动是否取得预期成效，达到预期教育目标的重要手段，也是持续改进教育教学的信息来源和依据。“四位一体”教育模式的学业评价体系应从如下几个方面设计：其一，以具体工作任务的完成程度和完成效率作为学业评价的主要因素，同时结合学生的知识掌握程度、技能熟练程度等作出综合性评价。其二，关注形成性评价，采用“成长档案袋”等方式将学生成长记录进行记录，结合学生在课程结束时的任务完成程度与学生在教学过程中的学习任务的完成程度进行评价，避免一次性和终结性评价可能造成的能力评价偏差。其三，关注团队工作任务完成度评价。将个体的学业评价和团队有机联系起来，可有效考查学生在真实工作情境中协作完成任务的团队协作能力、交流与表达能力等能力要素的发展程度。

## 本章小结 “四位一体”提升职业关键能力的策略选择

职业关键能力提升需要实现从理论到实践的策略选择，它既是一项系统工程，也是关键能力理论体系的内在要求，同时也是实现学生个体关键能力提升的必然要求。当前，各国教育界都探索了符合本国实际、具有本土特色的关键能力提升策略，具体包括整体策略、基础策略、渗透策略、独立策略。在相关策略的基础上，关键能力提升还需要依靠具体的实现路径，职业教育当前的能力提升的具体途径可大致归纳为课堂教学、工学结合与顶岗实习、活动与第二课堂、社会实践等方式。

然而，目前关键能力培养的实践策略关注焦点主要在课程与教学领域，无论是国家层面的政策和举措，抑或是具体的关键能力培养方式探讨，其指向的主要还是课程资源开发、课程设置与教育教学活动，而对其他关键能力的发展途径，诸如顶岗实习、学生活动和第二课堂以及学生的社会实践没有开展有意义的探讨与实践。因此，需要通过重新探究学习的意义、以“学习共同体”重构教学组织形式、重塑师生关系、转变课程模式、实现知识向度转变、改革评价体系等方式来重新构建关键能力提升的策略体系。在此基础上，通过对国外先进经验的借鉴，以及结合中国高职院校的人才培养实际，深入提出“4 策略 +5 载体 +6 要素”体系为解决关键能力培养问题提供了新的视角，该体系既体现了理论与目标的连续性，又体现了方法与载体的创新性。

作为一种具有共通性和基础性的能力类型，职业关键能力的培养应是一种全方位、多层面的行为。要使学生的职业关键能力得到有效的培养，有必要从目标、课程、教学及评价等方面开展系统的设计，构建相互支撑、融通的关键能力教育模式。需要通过教学目标重构、教学资源开发、教学组织创新、教学评价改革等“四位一体”的综合配套改革实现职业关键能力提升。

# 第四章

# 职业关键能力体系研究与培养目标改革实践

## 第一节　能力与能力观

关键能力作为个体能力的一种类型，要将其纳入到教育工作者的视域内，有必要从能力概念的界定开始，通过对不同能力观的分析，确立职业教育的能力观和关键能力培养观，并在分析关键能力与专业能力关系基础上，在职业教育领域形成能力发展的人才培养目标。

### 一、能力概念与职业教育能力观

作为一个在许多不同领域广泛使用的概念—能力，有着许多不同的内涵。目前，大部分有关能力的概念是从心理学角度进行界定的，但从更为广阔的社会视野，追寻不同思想流派对能力的界定，能力含义也将更为广泛。

**(一)能力概念界定**

1. 心理学角度的能力概念

现代心理学有关能力的界定种类繁多，较为常见的表述方式至少有五种：能力(ability)是熟练和技能的综合；能力(capacity)是人类生来就有的潜能；能力是对人的活动起决定作用的个性心理特征；能力的核心是智力，智力是其一般因素；能力由两个部分组成，一是一定的知识、技能和熟练，二是概括化的心理活动或智力操作。目前，心理学家较为普遍认同的观点是：能力是能够直接影响活动效率、使活动顺利完成的个性心理特征，是心理现象中与心理过程相并列的个性心理特征(气质、能力、性格)之一。我国学者也基于这一认识，形成了有关的能力观点，较为有代表性的观点有：

(1)“能力是一种心理特征，是顺利实现某种活动的心理条件。”(彭聃龄)

(2)“能力是顺利完成某项活动所需的个性心理特征。”(教育大辞典)

(3)“能力是作为掌握和运用知识技能的条件并决定活动效率的一种个性心理特征。”(中国大百科全书·心理学)

2. 社会学角度的能力概念

将能力置身于社会背景，它更多的是作为个体所拥有的某种改变社会和自身命运的能量。韩庆祥在《能力本位》一书中认为能力“是人的综合素质在现实行动中表现出来的，正确驾驭某种活动的实际本领、能量和熟练水平，是实现人的价值的一种有效方式，也是左右社会发展和人生命运的一种积极力量”❶。由以能力为基础的个体绩效而不是血统世袭的出身作为社会资源分配的基础，在某种意义上也反映了资本主义有关民主、平等以及崇尚自我实现的观念，社会学视野中的能力概念更接近个体权利的观点。而以能力为尺度来培养和应用人才，促进社会生产力发展的方式也被西方国家所广泛采纳。

3. 知识、技能和能力的区别

要进一步的认识能力概念，就需要对知识、技能和能力的概念进行区分。知识是对人类社会过往经验的总结，而技能是在活动中通过应用而形成的基本动作方式，能力则是人们的个性心理特征，因而三者所属的范畴是不同的；此外，三者所形成的生理机制也不是一样的，知识、技能赖以获得的神经机制是暂时神经和动力定型，而能力的基础是中枢神经所形成的和巩固过程中表现出来的某些特性；当然，三者所概化的内容和结果也是不同的。知识是对客观现实的反映，是对相应经验的概括，技能是在行为的基础上对相应行为方式的概括，而能力则是调节行为的相应心理过程的概括；最后，它们的迁移范围也不尽相同。知识和技能的知识与技能的迁移范围都比较狭窄，它们只能在类似的活动、行为或情境中发生迁移；能力则有相当广的迁移范围，可以在很多场合间（即使它们并不很相似）发生作用。

**（二）职业教育的能力观**

在职业教育领域，对能力的认识与心理学和社会学角度的认识也有一定的差别。目前，职业教育界主要存在有三种不同的职业能力观，即：任务能力观（也称还原主义能力观）、整体主义能力观和整合能力观❷。

（1）任务能力观。任务能力观将能力假设为一系列孤立的行为，它与完成每一项工作任务相联系，任务和一些任务的叠加可以看成是具体的某项能力。通过单个的任务或一系列的任务均可以独立地发展某项能力。同时，该观点也认为能力是可以分解和测量的，能力评价的依据就是直接观察个体对这一系列具体任务的完成情况。这种能力观看不到整体大于部分之和，忽视整体内部的、辩证的和有机的关系，在哲学上是还原主义。

（2）整体主义能力观。这种能力观将能力视为一般素质，一般素质是掌握那些特定的、具体的任务技能的基础，也是促进个体迁移的基础。个体的一般素质对于有效的工作表现是至关重要的。因为人们认为，诸如知识、分析与综合能力、批判思维能力、判断力、创造力等这些一般素质，往往能应用于许多不同的工作环境中。显然，这种能力观注重普遍适用性，这无疑符合在知识和技术迅速发展的现代社会要求。但它对能力所应用的具体工作情境缺乏考虑，而实际上，一般素质都具有工作情境的依赖性。

（3）整合主义能力观。这种能力观力图克服前两种能力观的局限性，它认为应将一般素质与具体的工作情境结合起来。它一方面承认能力不等同于任务，能力应是劳动者知识、技能和态度所形成的一种素质结构，它是完成具体任务的基础；另一方面，它也认为这种素质结构总是与一定的职业活动或工作情境联系在一起的，总是通过劳动者在完成特定的具体

---

❶ 韩庆祥．能力本位[M]．北京：中国发展出版社，1999

❷ 吕鑫祥．面向21世纪的教育观[J]．中国成人教育，2008(6)

任务时体现出来的。

目前，职业教育界较为认同的能力观当属整合主义能力观。美国学者盖力和波尔在《能力：定义与理论框架》将能力界定为“是与职业或工作角色联系在一起的，胜任一定工作角色所需的知识、技能、判断力、态度和价值观的融合。”英国学者高夫·斯坦顿（Geoff Stratton）提出能力结构应由两方面构成：一般素质和对工作情境的理解，二者必须结合，没有前者就不能针对性地体现一般素质，也不能适应职业岗位的变化，对原有认知结构进行重组。这两种观点都是整合主义能力观的体现。

从上述心理学、社会学以及职业教育界对能力的概念界回顾和分析，我们认为，对能力的认识应该包含以下几个要点：

（1）能力是个体所具有的一种综合素质特征，是个体有效完成具体活动任务的必须具备的个性心理特征，包括知识、技能、经验、态度等为完成职业任务所需的全部内容。

（2）能力对个体获得社会资源起重要作用，是能够改变个体社会地位的重要因素。

（3）能力是与具体活动情境联系在一起的，但又不限于具体的活动情境，也包含了对未曾出现的活动情境所表现出来的迁移可能和适应趋向。

## 二、能力分类与职业教育的能力分类研究

### （一）能力的分类研究

对于能力的种类问题，国内外的学者从不同角度对其进行分类❶，使得能力的分类五花八门，具有代表性的分类法包括：

（1）一般能力和特殊能力。这是以能力所表现的活动领域的不同来划分的。一般能力是指在进行各种活动中必须具备的基本能力。它保证人们有效地认识世界，也称智力。智力包括个体在认识活动中所必须具备的各种能力，如感知能力（观察力）、记忆力、想象力、思维能力、注意力等，其中抽象思维能力是核心，因为抽象思维能力支配着智力的诸多因素，并制约着能力发展的水平。特殊能力又称专门能力，是顺利完成某种专门活动所必备的能力，如音乐能力、绘画能力、数学能力、运动能力等。各种特殊能力都有自己的独特结构。如音乐能力就是由四种基本要素构成：音乐的感知能力、音乐的记忆和想象能力、音乐的情感能力、音乐的动作能力。这些要素的不同结合，就构成不同音乐家的独特的音乐能力。

（2）获取知识的能力和运用知识的能力。以按认识过程获取和运用知识可以将能力分为获取知识的能力和运用知识的能力。获取知识的能力包括：观察能力、阅读能力（鉴赏能力）、听的能力等；运用知识的能力包括：语言能力、运算（数学）能力。绘画（绘图、书法）能力、操作（动手）能力、社会交往能力、表演（体育、舞蹈）能力、音乐能力等。

（3）再造能力和创造能力。按活动中能力的创造性的大小可分为再造能力和创造能力。再造能力是指在活动中顺利地掌握前人所积累的知识、技能，并按现成的模式进行活动的能力，这种能力有利于学习活动的要求。人们在学习活动中的认知、记忆、操作与熟练能力多

❶ 当前学术界对能力的分类较多，但认可度较高的是目前在心理学中的能力分类，已经被广泛的纳入到了中国心理学的教材中。

属于再造能力。创造能力是指在活动中创造出独特的、新颖的、有社会价值的产品的能力。它具有独特性、变通性、流畅性的特点。

(4)认知能力和元认知能力。按活动的认知对象的维度可分为认知能力和元认知能力。认知能力是指个体接受信息、加工信息和运用信息的能力,它表现在人对客观世界的认识活动之中。元认知能力是指个体对自己的认识过程进行的认知和控制能力,它表现为人对内心正在发生的认知活动的认识、体验和监控。认知能力活动对象是认知信息,而元认知能力活动对象是认知活动本身,它包括个人怎样评价自己的认知活动,怎样从已知的可能性中选择解决问题的确切方法,怎样集中注意力,怎样及时决定停止做一件困难的工作,怎样判断目标是否与自己的能力一致等。

**(二)职业教育的能力分类研究**

在职业教育中,能力是直接指向个体完成工作任务可能性的各种要素之综合。受不同的职业教育思想影响,在职业教育中,包括高职教育领域,对职业能力的认识和分类也有所不同。较为典型的分类包括:一般能力 - 专业能力划分法;专业能力、方法能力和社会能力划分法;基本职业能力和关键能力划分法。而 CBVE 中的综合能力和专项能力之间更多的是一种包含与被包含关系。

(1)一般能力、专业能力。根据能力所表现的领域不同,职业教育界将能力分为一般能力和专业能力。一般能力是指在进行各种活动中必须具备的基本能力。它保证人们有效地认识世界,也称智力。智力包括个体在认识活动中所必须具备的各种能力,如感知能力(观察力)、记忆力、想象力、思维能力、注意力等,其中抽象思维能力是核心,因为抽象思维能力支配着智力的诸多因素,并制约着能力发展的水平。而专业能力是指个体胜任特定的职业岗位活动或任务所需的专门能力,不同的职业岗位所需的专业能力不同。

(2)专业能力、方法能力和社会能力。根据能力所包含内容的不同,德国以及受德国职业教育思想影响的研究者将职业能力划分为专业能力、方法能力和社会能力[1]。专业能力是在专业知识和技能基础上,有目的地、符合专业要求的、按照一定方法独立完成任务、解决问题和评价结果的热情和能力,如计算能力、编程能力等,是与特定职业直接相关的能力;方法能力是个人对在家庭、职业和公共生活中的发展机遇、要求和限制做出解释,思考和评判并开发自己的智力、设计发展道路的能力和愿望。它特别指独立学习、获取新知识的能力;社会能力是处理社会关系、理解奉献与冲突及与他人负责任地相处和相互理解的能力。这三者构成了职业能力的三个基本要素,而个体职业能力的高低则取决于三要素之间整合的状态,三者的有机整合是个体职业能力发展的有效途径,也是实现职业教育人才培养目标的关键。

(3)基本职业能力和关键能力。根据职业能力性质的不同。一些研究者将职业能力划分为基本职业能力和关键能力。基本职业能力是劳动者从事某一职业所必需的能力,是劳动者胜任职业工作、赖以生存的核心本能,包括单项的技能和知识、综合的技能与知识。而关键能力则是指个体为今后的不断发展变化的工作任务而应具有的跨专业、多功能和不受

[1] 姜大源,吴全全主编. 当代德国职业教育主流教学思想研究—理论、实践与创新[M]. 北京:清华大学出版社,2007;姜大源. 职业教育研究新论[M]. 北京:教育科学出版社,2006

时间限制的能力，是劳动者所具备的一种基本素质，能够在变化了的环境中终身持续学习，不断获得新的职业知识和技能的能力。

(4)综合能力与专项能力。在CBVE或CBE的能力分析中，职业能力一般被分为综合能力和专项能力。从职业岗位的需要出发，通过职业分析确定每个特定岗位所需的综合能力和各项专门能力(技能)。一般而言，每个职业岗位涵盖3~12个综合能力，每个综合能力又包涵6~30个专项能力(技能)。不论综合能力或专项能力，都是由具体的工作任务来描述和规定的，专项能力是完成单项工作任务所需的知识、技能及相关因素的综合，而综合能力则是完成一系列工作任务所需的专项能力之组合。

## 第二节　职业关键能力体系设计的原则与流程

职业教育中的职业能力研究，一定程度上加深了职业教育界对个体职业能力的认识，也有利于职业教育的人才培养目标确定、课程开发和课程体系构建，以及具体的教育教学实施。基于不同的能力分类和能力发展理念，职业教育也形成了相应的能力培养目标。

**(一)职业教育能力培养目标的问题分析**

统观我国职业教育界形成的能力培养目标，我们认为，尚存在以下的问题与不足：

(1)重智力培养轻职业能力。这在我国高职教育中表现较为明显。高职教育无论在办学方式、培养目标还是课程资源、教学方法中均深受普通本科学科教育的影响：重知识传授和智力培养，轻职业能力和应用；重学科系统化，轻职业岗位对知识的综合性需求。受学科本位思想影响，其能力培养目标的确立存在这样的前提假设，即学习者掌握了与某一职业岗位相关的知识(包括操作性知识)便自然具备了从事这一职业岗位工作的能力，将个体的智力发展等同于职业能力发展，也使得其课程依然体现了知识本位的特点，知识的积累和知识获得多少的考试成为职业教育的主要目的。近年随着高职教育改革的深化，对传统的学科本位教育开展了深刻的反思和批判，职业教育中重智力培养轻职业能力发展的倾向有了明显的转变，但其影响依然不可忽视。

(2)将专业技能与能力培养目标等同。首先，这一误区源于职业教育界对专业技能和职业能力认识的模糊。专业技能是指完成特定的职业工作岗位的具体工作任务所需的行动方式，专业技能的习得是在行为方式的练习巩固过程中对相应行为方式的概括化结果。而职业能力是一个综合性的概念，它包括完成职业任务所需的知识、技能、经验、态度等全部内容；其次，我国高职教育界将专业技能等同于职业能力培养目标与其受中等职业教育影响存在联系。从培养目标上来说，中职侧重具体岗位的技术工人培养，专业技能的训练是其核心内容，而高职教育要培养的高等技术型人才，需在复杂的、不确定技术因素下完成职业工作任务，同时也往往是现场技术人员群体的组织者和领导者，他们对于能力而不是单纯的技能要求更为明显；再次，将专业技能等同于职业能力培养也受到还原主义能力观的影响，而在国内一度盛行的CBE模式和DACUM课程开发模式也主张对职业岗位的每一项技能予以明确，并将专业操作性技能等同于专业能力，这本身是对能力本位教育的一种偏颇看法，但至今对我国职业教育能力培养目标的确定有着较大的影响。

(3)忽视职业关键能力培养。作为就业导向的教育类型，我们在评价一所职业学校人才培养质量时，往往对其就业质量，包括总体就业率、一次就业率、对口就业率、起薪等因素十分关注。这也在某种程度上导致了职业教育在确定其人才培养目标时，以针对具体职业岗位的职业能力培养为主，而较少关注毕业生的职业生涯发展问题。在相当多的高职教育专业人才培养方案中，明确将关键能力作为其重要的能力培养目标的还不多见，更遑论对关键能力培养目标予以具体化和可操作化。

**（二）职业教育关键能力培养目标的确定**

如何在职业教育的人才培养目标中确立关键能力的培养目标呢？我们认为，首先要确立专业能力与关键能力共同发展的原则，并在综合考虑时代及技术特征、个体发展特征等因素的基础上将关键能力培养目标具体化和可操作化。

1. 关键能力与专业能力共同发展

从能力结构上来看，关键能力和专业能力都是个体职业能力的有机组成部分，它们之间虽然在概念界定中有着明确的区分，但是对于个体完成职业岗位的工作任务时共同起到作用，在确定性环境下的明确任务，专业能力发挥的作用更为明显，但在复杂的、具有不可确定因素的环境下，关键能力更有助于个体寻找合适的路径完成工作任务。在知识、技术更新速度加快，工作复杂性和环境不确定性因素急剧增加的现代信息社会，关键能力对职业工作任务的顺利完成以及个体的职业生涯成功越来越重要。因此，将关键能力纳入职业教育的人才培养目标势在必行；其次，要充分认识到关键能力的发展并不会损害职业教育对专业能力培养的目标，关键能力作为个体不断认识自己、发现事物规律以及观察整个社会的思维和方法能力，其培养重在课程教学内容的呈现方式和内容序化方式、课程教学的组织形式和教学方法进行改革。在其培养过程中重视学习者主体性地位的回归，能够有效激发学生学习主动性和积极性，这样使得学生能够主动自觉地去学习专业知识和技能，进而发展自身的专业能力，这样也有助于增强专业能力的学习效果。

2. 关键能力培养的具体化和可操作化

在确立了专业能力与关键能力共同发展的理念和原则下，在使得具体的职业教育和专业人才培养过程可以有目的、针对性地开展关键能力发展的教育教学活动，还需要对关键能力发展目标进行分解和细化，对各项具体的关键能力的发展状态予以层次说明。

关键能力的外延极其广泛，职业院校或专业在确定自身的人才培养目标时需有针对性进行选择，选择的依据一般来说要考虑几个因素：

（1）时代特征。

（2）知识与技术发展特征。

（3）人才培养类型与层次特征。

（4）个体心理发展特征。

基于以上因素的考虑，我们认为，高职院校的关键能力培养目标的具体化应该包括以下六个方面的能力：

（1）交流表达能力。

（2）与人合作的能力。

（3）自我学习的能力。

（4）问题解决的能力。

(5)信息处理能力。

(6)追踪和掌握新技术的能力。

其中,自我学习能力、追踪和掌握新技术能力主要考虑了知识和技术发展特征;信息处理能力主要考虑了时代特征;交流表达能力和与人合作能力主要考虑了个体心理发展特征,问题解决能力侧重考虑了高职教育的人才培养类型和层次因素。当然,在具体关键能力的选择上,很难形成统一的标准,选择其中具有代表性的关键能力内容也是明确发展重点、有效开展教学改革实践的现实需要。

**(三)融入职业教育关键能力培养的高职课程目标设计**

1. 设计依据

课程目标的设计依据也是指课程目标所要考虑的需求与目标实现的客观规律性。总体来说,拟定以综合职业能力发展为核心的高职课程目标主要包括两个方面的来源,其一是社会发展对高职教育所承担的社会责任和育人功能的要求;其二是个体全面发展对高职教育的要求。其中:

(1)社会需要。从某种意义上说,我国高职教育的产生直接源自经济社会发展对高技能人才的需求,高职教育也在办学方针和人才培养目标上明确了“为社会生产、建设、管理、服务一线培养高技能人才”宗旨。因而,其课程目标首先就要反映社会的需求,这种需求不仅包括了对高职教育人才培养的数量,也包括了对其规格的要求;不仅需对现有的需求做静态的分析,同时也要考虑社会经济发展的动态需求。

(2)个体需要。在课程目标的制定过程中,必须明确把握学习者的需求,只有这样,才能确保课程目标的合理性。对于高职教育而言,个体的需求首先反映在通过高职阶段的学习能够顺利就业的要求上,它规定了高职课程目标要包含预设的职业岗位工作知识、技能和经验的获得;其次反映在对个体职业生涯发展的要求上,学习者不仅希望能够实现其顺利就业,同时也希望通过高职教育获得选择职业岗位、获取新的职业岗位所需的方法和社会能力,这在劳动结构和产业结构经常变化的现代社会尤为明显;最后也反映在个体对自身人格发展和全面发展的要求上,个体对“德、智、体、美、劳”等方面的全面发展不仅要反映在普通教育之中,也要在高职教育中有明确的体现,它是人性回归和人格发展的必需前提。

2. 设计原则

高职课程目标的设计原则就是在明确社会及个体对高职教育要求的基础上,如何将这些需求根据高职教育的特点以及个体能力发展的特点来进行有机的组合、优化,以期形成科学可行的课程目标所要遵循的原则。具体而言,以综合职业能力发展为核心的高职课程目标设计需遵循以下几个原则:

(1)系统性原则。课程目标设计的系统性原则要求主要包括:一是课程目标的制定必须全面,要系统地反映对高职学生各方面的要求。所涉及到的方面不仅包括知识、技能、方法和能力,也要包括情感态度和价值观,并形成以综合职业能力发展为核心的目标系统;二是高职课程目标的制定也要从更为广泛的现代职教课程目标系统的相互衔接上考虑,我国的中等职业技术教育、高职教育以及将来可能发展出的具有职业特性的本科,乃至更高层次的职业教育层次,在课程目标设计上要保证人才培养的连贯性与相互衔接,从而可以有效的避免不同层次教育的课程内容出现重复现象。

(2)差异性原则。课程目标设计的差异性原则主要体现在:即使对于同一个专业,在不同的区域、不同的学校、针对不同的高职学生个体,其目标要求要有所不同。高职教育所培养的人才主要面向区域经济社会发展需求,不同区域、不同企业产业结构、技术和能力要求均存在差异性,这必须在课程目标中体现出来。同时,受教育资源、专业特性等因素的影响,在基本的课程目标上,各学校、各专业在设计其课程目标时也会有一定的差异。最后,每个学生的基础、个性差异、能力发展程度等也是需要考虑的因素,尤其是在具体的教学目标设置上,不能强求一致,整齐划一。

(3)灵活性原则。课程目标设计的灵活性原则要求课程目标的制定必须反映出系统(包括课程系统本身和课程的环境系统)变化的要求。主要体现在:一是目标的制定必须考虑到课程系统内外条件的制约。比如,如果盲目照搬职教发达国家的高职课程目标、或者在简单模仿其他院校的人才培养方案的基础上形成自己的培养目标和课程目标,反而出现不适应实际情况的现象,会导致人才培养缺乏特色,质量下滑;二是目标的制定要随环境的变化而改变,必须具有开放性,并持续改进。课程目标的形成都是与当时的课程内外系统紧密相连的,当经济社会环境、个体需求、课程观念,乃至课程实施环境发生变化时,目标也是随之发生不同程度的变化。因而,课程目标的设计也是一个持续改进的过程,必须具有灵活性。

(4)可操作性原则。课程目标设计的可操作性原则旨在解决课程目标的泛化和抽象性问题。目标是前进的方向,是指引实践的活动准则。目标的规定应该是具体而明确的,这样才能易于把握以便进行实际操作。具体来说,目标的可操作性原则要求目标具有质和量两个方面的明确规定,并将两者有机的整合起来,没有质量的规定,目标会流于形式;没有量的要求,目标就会变得抽象而不具体。同时,可操作性原则也强调目标体系要具有层级性和循序渐进的特点,层级性要求对总目标进行一级级的分解,直至到微观层次的课程教学目标与课堂教学目标;而循序渐进就是要求目标的设置要按照由易到难、由简到繁、由低级到高级的顺序进行编制。

3. 高职目标能力核心课程体系的构建

在比较高职课程观和课程目标、确立综合职业能力发展核心的课程目标体系设计依据及原则的基础上,我们将从课程目标的层级体系和内容体系两个方面对以学生综合职业能力发展为核心的高职课程目标体系进行构建。

(1)高职能力核心课程目标的内容体系。概括而言,能力发展为核心课程目标的内容体系是由一个以综合职业能力发展为核心的、并涵盖职业知识、技能、态度和方法以及个体经验等内容的整合性目标。综合职业能力既包括了对个体职业知识、技能、素质以及态度等方面的内容,同时又须在此基础上以个体在具体工作情境中任务完成的表现才可确定综合职业能力发展的目标,要具有能力的整体性观念。在此基础上,综合职业能力可以细分为专业能力和关键能力两个大的类型,专业能力又可细分为专业认知能力和专业实践能力,关键能力主要包括方法能力和社会能力等。具体可细分为以下几个目标:

专业认知能力目标。今天的世界做任何工作都离不开专业知识,人们习得的知识是形成人的工作实践能力的基础。然而,这并不是学习的终极目的。学习本质并不是为了获得系统化的知识，而是为了掌握认知的手段。应该将学习作为人生的一种经历，是使每一位受教育者都具备一定的专业能力，学会了解其所生活的世界，并融入其所生活的世界，从而有尊严的生活。

专业技术能力目标。职业专门技术能力是指为了完成工作任务所应具备的专门技能，是运用专门技术和掌握该技术所应具备的基础知识以及从事基本工作的职业工作能力。主要包括技术要领的掌握、一定经验的积累以及综合技术的熟练程度等。

社会能力目标。社会能力是人们在社会上生活所必须具备的社会交往能力、团队协作能力、交流和表达能力等的总称，它是人们在充满竞争的时代生存下去的必备技能，是人的智力、审美意识、责任感和精神境界的全面发展，是人们在竞争环境中保持良好生存状态的必然要求，是实现个体可持续发展的根本。

方法能力目标。随着社会的发展、科技的进步和职业领域变更，职业能力的内容处于不断地发展和变化之中，随着个人职业生涯的延伸、岗位的变化，对个体的能力要求也在不断提高。掌握学习的方法、工作的方法，在职业生涯中不断获取新的职业知识、习得新的职业技能，具体包括了信息处理能力、问题发现与解决能力、追踪和掌握新技术的能力等。

(2)高职能力核心课程目标的层级体系。从层级体系上来看，课程目标是一个涵盖课程总目标(人才培养目标)、具体专业人才培养方案目标、具体类型和科目的课程目标以及课堂教学目标在内的目标体系。课程总目标在英国NVQ体系中也称之为课程标准，是对某种层次和类型的教育所培养的人才应具备的能力和素质的基本要求。某一个专业的人才培养方案目标是在课程总目标的基础上，结合具体专业特性、区域经济社会发展特征与专业所面向的岗位技术能力要求以及高职院校及具体专业的教学条件所形成的能力目标。具体类型和科目的课程目标是对人才培养方案目标的分解，即对某一种类型的课程和某一门课程所要达到的能力发展程度的规定。教学目标又是对上一层次课程目标的分解，是对在规定时间内通过一定学习任务的完成所要实现的能力发展目标。

## 第三节 三级职业关键能力体系的设计理念与实践

### 一、职业关键能力体系的基本设计理念

从满足高职学生个体全面发展需求和现代社会发展需求、实现职业生涯可持续发展的要求出发，实现从能力目标确立、课程体系构建到教学实施过程的有效衔接，为职业教育促进学生可持续发展的能力培养实践提供了理论依据。

### 二、职业关键能力体系的构建

在此基础上，采用德尔菲法，经归纳能力要素、整合转化培养目标、细化教学目标，形成了包含3个层次、21个能力要素的职业关键能力目标体系(见表4-1)。

高职学生职业关键能力目标体系　　表 4-1

<table>
<tr><td rowspan="7">职业关键能力</td><td>一级能力要素</td><td>二级能力要素</td><td>三级能力要素</td></tr>
<tr><td rowspan="3">社会能力</td><td>交流表达能力</td><td>1. 语言表达;2. 写作能力;3. 阅读与鉴赏</td></tr>
<tr><td>团队协作能力</td><td>1. 尊重与信任;2. 团队认同;3. 计划与分工</td></tr>
<tr><td>职业道德</td><td>1. 职业态度;2. 职业品质;3. 工作纪律</td></tr>
<tr><td rowspan="3">方法能力</td><td>问题发现与解决能力</td><td>1. 问题发现;2. 问题分析;3. 问题解决方案制定与决策;4. 执行解决方案</td></tr>
<tr><td>自我学习能力</td><td>1. 学习目标制定;2. 学习内容确定;3. 学习方法选择;4. 学习结果评价</td></tr>
<tr><td>信息检索与处理能力</td><td>1. 信息检索;2. 信息整体;3. 信息分析;4. 信息展示</td></tr>
</table>

## 三、融入职业关键能力培养的专业人才培养目标体系的构建实践

### (一)提升学生职业关键能力的软件技术专业人才培养目标体系构建实践

1. 软件技术专业综合职业能力发展目标的研究

软件技术专业在分析该专业主要面向的职业岗位,即一个主岗(程序员)和三个辅岗(UI 设计师、测试员、数据库管理员)的基础上,根据分析岗位典型工作任务所需要的核心职业能力,结合软件行业知识技术更新快、主要以项目团队方式开展工作,对从业人员有自我学习更新知识、善于利用专业资源寻找解决方案、善于交流沟通团队协作、执行力较强的要求,确定本专业主要培养学生的软件实现、软件测试、数据库管理与应用、用户界面设计等专业能力,以及自主学习、获取与利用信息、分析判断与决策、团队协作、交流沟通、诚信与职业道德等关键能力,并注重两者在具体的项目(任务)情境中融合形成解决具体情境问题的综合职业能力,形成了该专业基于综合职业能力发展的人才培养目标。软件技术专业面向“1 个主岗 +3 个辅岗”的人才培养目标见图 4-1。

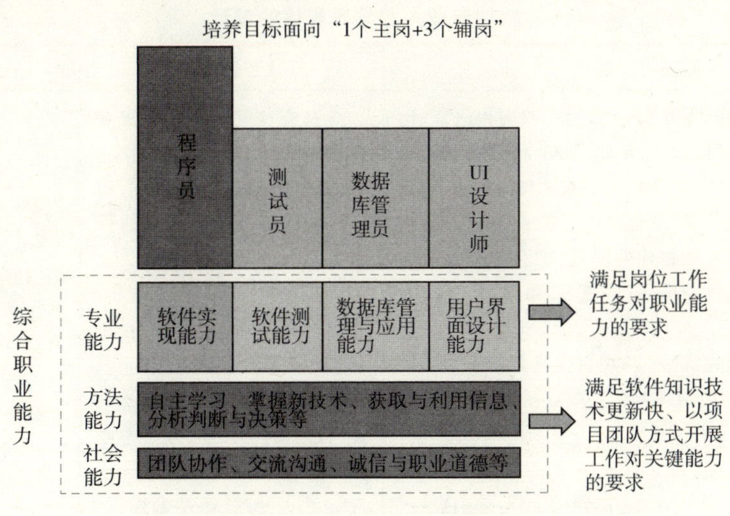


图 4-1　软件技术专业面向“1 个主岗 +3 个辅岗”的人才培养目标

2. 软件技术专业人才培养目标的设计

培养德、智、体、美全面发展，具备良好的团队协作能力、较强的自我学习能力和跟踪新技术能力；掌握结构化程序设计和面向对象程序设计的基本方法，熟悉数据库的工作原理和使用方法，熟悉测试的基本方法和自动化测试工具的使用，可从事软件技术系统分析设计、开发、测试、维护等工作，具有良好综合职业能力的技术技能型人才，可胜任软件程序员、测试员、UI 设计师、数据库管理员等岗位，并具备向技术管理类岗位提升的潜能。

3. 软件技术专业人才培养规格的分析

（1）职业岗位分析。详见表 4-2。

软件专业人才培养规格的设计　　表 4-2

| 序号 | 核心工作岗位<br>及相关工作岗位 | 职业岗位任务要求 | 职业能力与素质<br>（专业能力和关键能力） |
|---|---|---|---|
| 1 | C#、asp. net 程序员 | 编写详细设计说明书；<br>实现代码；<br>单元测试；<br>配置管理工作 | 掌握通用的程序设计技巧，熟练掌握流行的 C#语言、SQL Server 数据库、ASP. NET 等编程工具 |
| 2 | 软件测试人员： | 功能测试；<br>性能测试；<br>相应的测试文档编写；<br>测试环境的配置和测试数据的准备 | 熟悉典型的软件测试方法，熟练掌握自动化测试工具的使用 |
| 3 | 软件文档工程师 | 软件文档的编写和管理 | 熟悉软件产品开发的各个环节，具有较强的文字表达能力和软件文档写作及管理工具使用能力 |
| 4 | 软件维护人员 | 软件的维护；<br>软件的使用培训 | 熟悉主流软件开发技术，对现有软件进行维护更新 |

（2）能力结构分析。详见表 4-3。

软件专业人才培养规格的设计　　表 4-3

| 专业能力 | 社会能力 | 方法能力 |
|---|---|---|
| 1. 具有良好的编码能力，至少精通一门编程语言，比如当前国内企业常用的 C/C ++ 、. NET 和国际上最流行的 Java 语言，熟悉它的基本语法、技术特点和 API（应用程序接口）；<br>2. 具有认识和运用数据库的能力，即会使用目前常用的数据库软件，如 Oracle 数据库和微软公司的 SQLServer 等；<br>3. 具有软件工程的概念。从项目需求分析开始到安装调试完毕，都能清楚地理解和把握这些过程，并能胜任各个环节的具体工作；<br>4. 能制订测试计划，建立测试环境，设计测试用例；实施产品测试计划，总结测试中的问题、编写缺陷报告、测试报告维护测试用例，编写用户手册、操作手册 | 1. 具有良好的职业道德和服务精神；<br>2. 诚实守信、责任心强，有良好的沟通能力及团队协作能力；<br>3. 良好的身体与心理素质，健康的审美观，勤俭节约、乐观向上的生活作风；<br>4. 牢固的安全意识、强烈的责任感、恪尽职守、勇于奉献的工作作风；<br>5. 诚实专注、团结合作、严谨求实的职业素养 | 1. 制订工作计划的能力；<br>2. 自我学习、解决问题、处理信息、追踪和掌握新技术能力；<br>3. 利用现代高科技工具进行信息检索、查询问题解决方法的能力；<br>4. 善于评估工作、总结结果、反馈提高的能力 |

(3)知识要求。具体如下：

①掌握一定的人文、社会科学知识。

②掌握本专业必需的文化基础知识。

③掌握计算机软件专业所需的专业技术基础知识。

④掌握程序设计和开发的基本知识。

⑤掌握软件系统开发与管理的基本知识。

⑥掌握软件测试的基本方法。

⑦掌握数据库管理技术及其应用。

⑧具有系统集成的基本知识。

4. 软件技术专业人才培养能力目标体系的设计(表4-4)

**软件技术专业人才培养能力目标体系** 表4-4

| 一年级能力要求 | 二年级能力要求 | 三年级能力要求 |
|---|---|---|
| 具有利用C语言进行程序设计、代码调试的能力；<br>具备利用Access进行简单数据库管理的能力；<br>具备进行简单网页设计的能力；<br>具备利用Office软件进行文档处理的能力；<br>具备利用计算机及网络进行信息检索与处理的能力；<br>具备自我学习的能力 | 具备利用软件工程的方法进行软件分析与设计、软件测试的能力；<br>具有利用C#语言进行面向对象程序设计的能力；<br>具有运用SQL Server进行数据库管理的能力；<br>具有运用ASP. net进行Web应用系统开发的能力；<br>具备Web前端设计的能力；<br>具备编写和处理专业技术文档的能力；<br>具备项目管理、团队协作、有效沟通的能力 | 理解三层架构，具备小型应用系统的分析、设计、实现的能力；<br>具备较强的Web前端设计能力；<br>具备问题发现与解决的能力；<br>善于评估工作、总结结果、反馈提高的能力；<br>具备跟踪新技术的能力；<br>具备良好的职业道德和职业素养 |

## (二)公路运输与管理专业综合职业能力目标体系的构建

1. 公路运输与管理专业综合职业能力发展目标的细化

公路运输与管理专业主要从专业能力和关键能力要素两个方面细化综合职业能力目标：

根据公路运输行业主管部门、公路运输企业、汽车客运站场等行业企事业单位的调研，结合近年公路运输与管理专业毕业生就业质量调查。我们将公路运输管理专业所面向的主要职业岗位确定为：汽车运输调度员、运输企业基层管理人员、汽车客运站务管理人员、道路运政管理人员、交通运输稽查员、运输安全管理员等6个职业岗位。在此基础上，对六大岗位工作任务所需的能力要求进行描述，并采用专家德尔菲法，邀请行业企业专业技术人员、管理人员、课程开发专家以及专业教师对各类能力要素进行筛选，形成了公路运输与管理专业专业能力细项要求，具体内容如表4-5所示。

公路运输与管理专业专业能力细项要求一览表　表4-5

| 一级能力 | 二级能力 |
| --- | --- |
| 管理基本技能 | 管理基础技能、应用文写作技能、现代管理能力 |
| 运输企业经营管理能力 | (1)市场调查、预测与营销能力。①客源调查、预测与货源组织能力;②运力调查和预测能力;③运输市场营销策划能力;<br>(2)经营决策能力。①企业战略决策分析能力;②制定企业经营战略的能力;③制定企业经营规划的能力;<br>(3)生产管理能力。①运输生产组织能力;②运输生产计划编制能力;③车辆运行作业计划编制能力 |
| 汽车客(货)运站场管理能力 | (1)处理车站日常工作的基本技能。①日常经营单证的签订、发放、回收技能;②各种票据的发放、使用技能;③学习、掌握城市公共交通管理法规的技能;④运用电子计算机进行日常工作管理技能;<br>(2)车辆调度监控能力。①现代汽车站务管理软件的熟练运用;②车辆调度控制方法 |
| 运输生产安全质量管理能力 | (1)运输生产安全管理能力。①运输安全事故的预防与控制能力;②运输安全事故的分析、处理能力;<br>(2)运输服务质量管理能力。①运输全面质量管理能力;②运输质量分析能力;③运输质量投诉现场协调、处理能力 |
| 道路运输行政管理和行政执法能力 | (1)处理运政管理日常工作的基本技能。①《道路运输许可证》、《道路运输证》等运输单证的印制、发放、回收技能;②各种运输单证的使用监管技能;③各种运输规费的征收、稽查技能;④各种公文的阅读、写作、分析技能;⑤运用电子计算机进行日常档案管理技能;<br>(2)运输行政执法能力。①学习、掌握国家有关交通运输领域方针政策的能力;②运用《道路运输条例》及其配套规章、《广东省道路运输管理条例》等对各种违章行为进行适当处罚的能力;③受理各种投诉、进行调查取证、拟定处理方案的技能;<br>(3)对运输市场进行调查、预测及宏观调控的能力。①运用科学的方法,有目的、有计划、系统地记录、整理和分析公路运输在国民经济活动各方面的情况和资料的技能;②利用运输行业的历史资料分析现况,采用适当的方法,对运输市场供求变化趋势等进行预测分析的技能 |
| 公路运输与管理专业职业关键能力目标 | 交流表达能力。写作能力、口头语言表达能力、阅读表达、欣赏能力、书写能力、团队协作能力、自我学习能力、独立思考能力、解决问题能力、规划组织能力、资源分配与使用能力、信息处理能力、运用数学与科技能力、主动探索与研究能力 |

2. 公路运输与管理专业综合职业能力目标体系整体构建

在专业能力与关键能力目标细化的基础上,课题组基于专业能力与关键能力在具体工作情境中有机融合,形成一个整体发挥作用的角度出发,对公路运输管理专业的综合职业能力体系进行了整体构建,形成了公路运输管理专业综合职业能力目标体系,见表4-6。

公路运输管理专业综合职业能力体系表　　表4-6

| 工作项目 | 工作任务 | 职业能力体系 |
|---|---|---|
| 公路运输管理 | 汽车运输企业管理 | 运输企业环境分析能力<br>运输企业市场调查能力<br>运输企业市场预测能力<br>运输企业经营策略分析能力<br>运输企业市场营销策划能力<br>粤港澳道路运输经营能力 |
| | 汽车客运站务管理 | 客流组织能力<br>正确售票与检票的能力<br>站内优质服务与行包托运能力<br>汽车客运"三优、三化"的运用能力 |
| | 运输车辆组织调度 | 客车运行组织能力<br>货车运行组织能力<br>营运车辆GPS监控能力<br>车辆运用指标分析能力 |
| | 汽车运输安全管理 | 运输危险源的识别能力<br>车辆与设备的安全操作能力<br>交通安全心理学的运用能力<br>安全法律法规的运用能力<br>驾驶员安全行车的分析能力<br>道路运输安全监督管理能力 |
| | 汽车运输服务质量管理 | 运输质量数据的收集与整理能力<br>质量管理方法的运用能力<br>运输质量统计分析能力<br>运输优质服务应用能力 |
| | 道路运输行业管理 | 运用道路运输法律、法规、规章的能力<br>道路运输行政管理能力<br>道路运输开业管理能力<br>道路运输歇业管理能力<br>道路运输停业管理能力<br>道路运政执法能力<br>国际道路运输管理能力 |

## (三)汽车检测与维修专业综合职业能力目标体系构建

1. 汽车检测与维修专业综合职业能力总体目标的确立

该专业通过建立"汽车检测与维修技术专业(群)校企合作部",开展关于品牌4S店销售、服务职业岗位、职业能力、工作任务、订单班学生就业情况等方面的调研。根据汽车检测与维修专业人员从学徒成长为班组长、技术主管、技术经理、企业高管、行业专家的职业岗位、职业能力的成长规律，并据此确定了从低到高的1～6级职业能力发展目标。从而准确定位该专业人才培养目标是：面向维修组长、机电大工、维修接待、质检员、检测组长、技术主管等为主的第二任岗位群（汽车准医生），具备相应的职业能力，取得汽车维修高级工以上职业资格证，高于中职培养目标—第一任岗位群（汽车护士）。

2. 汽车检测与维修专业综合职业能力发展目标的细化

在调研资料分析的基础上，借鉴英国和香港国际化职业资格标准及宝马、丰田企业教育培训的优点，将职业能力划分为专业能力和关键能力。根据将职业能力及相应岗位划分为六级，详见表4-7。

**汽车机电维修、汽车检测与评估职业岗位与职业能力示意表** 表4-7

| 职业能力 | 职业资格 | 汽车机电维修、汽车检测与评估职业领域 | |
|---|---|---|---|
| 一级 | 初级工 | 岗位 | 机修学徒、电工学徒；检测学徒、汽车评估学徒等 |
| | | 职业能力 | 专业能力：一般汽车维护能力、一般检测设备使用等 |
| | | | 关键能力：与他人进行交谈和交流，一般的阅读和总结能力，小范围的书面和口头沟通 |
| 二级 | 中级工 | 岗位 | 机修中工、电工中工；汽车检测员、汽车评估员等 |
| | | 职业能力 | 专业能力：较复杂汽车维护、一般汽车修理；一般汽车检测与评估等 |
| | | | 关键能力：与车主的主动交谈和交流，良好的语言表达能力和人际关系，较为熟悉的书面和口头沟通，数据信息的一般处理、大部分岗位职责范围的承担能力 |
| 三级 | 高级工 | 岗位 | 机修组长、机电大工、维修接待、质检员；检测组长、评估组长、设备负责人等 |
| | | 职业能力 | 专业能力：一般故障诊断、较复杂修理；较复杂的汽车检测与评估等 |
| | | | 关键能力：工作范围内与客户的全面交谈和交流，取得、处理及整合工作中的数据，详细的书面和语言沟通，简单的分析解决问题能力，有限的团队责任承担能力 |
| 四级 | 技师 | 岗位 | 车间主任、技术主管、质检主管；检测站技术负责人、报告授权签字人等 |
| | | 职业能力 | 专业能力：复杂故障诊断、复杂修理；复杂的汽车性能检测与评估，管理能力等 |
| | | | 关键能力：与同行的全面交流与交谈，运用相关科技信息提高工作效率，良好的工作执行力，对团队赠人的责任感和承担能力 |
| 五级 | 高级技师 | 岗位 | 企业（技术）经理、检测站站长、技术总监、总工等 |
| | | 职业能力 | 专业能力：疑难故障诊断、全面检测评估，管理能力等 |
| | | | 关键能力：复杂的系统性工作的处理能力，新环境下的交流沟通，领导力、评价能力 |
| 六级 | | 岗位 | 行业专家等 |
| | | 职业能力 | 专业能力：行业和企业技术项目筹划、技术开发、管理能力等 |
| | | | 关键能力：优良的沟通交流能力，项目组织能力，规划发展决策能力、职业责任、团队领导能力 |

## 本章小结　关键能力指标体系在借鉴的基础上实现本土创新

当前的职业教育能力培养中存着重智力培养轻职业能力、将专业技能与能力培养目标等同、忽视职业关键能力等问题，因此，应当综合考虑个体与社会需求的基础上，确立专业能力与关键能力共同发展的原则，并在综合考虑时代及技术特征、个体发展特征等因素的基础上将关键能力培养目标具体化和可操作化。通过融入职业关键能力的课程目标设计、体现关键能力的能力核心课程体系重构从而为关键能力目标实现提供依据。

在此过程中，职业关键能力体系的确定是关键。从满足高职学生个体全面发展需求和现代社会发展需求、实现职业生涯可持续发展的要求出发，实现从能力目标确立、课程体系构建到教学实施过程的有效衔接，为职业教育促进学生可持续发展的能力培养实践提供了理论依据。根据对软件技术专业、公路运输与管理专业所对应的岗位能力及关键能力分析的基础上，采用德尔菲法，经归纳能力要素、整合转化培养目标、细化教学目标，关键能力可分解为社会能力与方法能力，社会能力可分解为交流表达能力、团队协作能力、职业道德三个维度，方法能力分解为问题发现与解决能力、自我学习能力、信息检索与处理能力三个维度，每个维度结合中国高职教育的实际，共设计 21 个能力指标，从而形成了 3 级、21 指标职业关键能力指标体系。这一指标体系既体现了对国外关键能力模式的积极引进，又体现了关键能力理论的本土化特点，既具有一定的理论前沿性，又具有较强的操作性，是在继承基础上的创新，对于加强中国高职学生关键能力提升提供了方向与评测指标。

# 第五章

# 提升职业关键能力的课程体系构建与实践

## 第一节　高职课程结构比较与能力核心课程结构分析

课程结构要素也称内容要素，是在一定的课程价值观指导之下所形成的特定课程体系中的各组成部分及组合方式与相互关系的总称。课程结构属于一种人为性质的结构方式，是课程体系的主体部分，也被看作是静态意义上的课程体系。课程结构包括实质结构和形式结构两种类型，其中实质结构是决定课程主要功能的关键所在。本节主要对世界范围高职教育（职业技术教育）中具有较大影响力的课程结构模式进行比较分析，并从综合职业能力发展为核心的高职课程体系的各组成部分、组合方式及相关关系等方面探讨以能力发展为核心的高职课程结构体系问题。

### 一、主要高职课程结构的比较

课程结构模式是指在一个完整的课程体系中，各类课程的设置、开设顺序、课时比例以及各类课程所占比例的较为固定的形态。因课程开发的观念、职业教育理念以及社会文化价值观念等因素的影响，同时也与职业教育的实践性及与社会经济技术关系紧密相连等因素有关，在职业教育的发展历程中出现了三段式、模块化、系列化以及工作过程系统化等课程结构模式。

#### （一）三段式课程结构模式

也称阶段化结构模式。它是将职业教育的课程分为文化基础课、专业基础课和专业课三种类型。这种课程结构以文化基础课程为基础，通过文化基础课程的学习为接下来的专业理论学习做准备，并在此基础上进行专业技能训练和专业实习。这种模式在课程组织和编制上带有明显的学科知识中心特征，知识储备是该模式基本的课程观念。其具体特征包括：理论课与实践课并列；重视文化基础知识；实践课单独设置并自成体系。该模式在学科逻辑性强，易于学生的知识掌握，且易于学校组织教学和进行客观的教学评价，因而，这种模式在我国高职教育发展的初期一度占据课程体系的主流，在20世纪90年代中后期经过职业教育课程反思，三段式课程受到了许多的批评，批评首先来自于其学科知识中心，由于以学科逻辑为中心，许多知识的实用性不强，对处在现代社会中的劳动者就业和职业生涯发展的作用不大；其次由于专业课中的专业知识、技能学习较晚，影响了学生的学习兴趣，也不利于学生职业岗位技能具有充分的时间锻炼；再次，以知识为中心的课程内容在一定程度上忽视了个体的全面发展，尤其是对个体职业能力发展和职业素养养成的忽视。因而，目前，该课程结构已经逐渐淡出，但在实践层面还或多可少的可以发现其影子。

**（二）模块化课程结构模式**

模块化结构模式在现代职业教育中具有广泛的影响，模块作为课程设计的具体化，课程设计的最小单元，因而也称之为课程单元，从这个意义上来说，每一种课程范式下均有模块化课程。一般说的课程模块化是根据个体能力发展特征设置相应的能力模块，并将其结构化的一种课程组织方式。根据所依据的课程观念不同，又可以分为职业分析导向的模块化课程结构和学习理论导向的模式。职业分析导向的主要有北美的CBVE课程和MES课程结构，双元制课程也具有一定的模块化特征；学习理论导向的主要有“宽基础、活模块”结构以及多元整合结构。其中：

CBVE课程设计一般采用模块式设计方案，其典型特征包括：重视学生的能力训练。对理论知识以“必须够用”为度，其核心内容是学生职业能力的培养。采用的矩阵模块结构运用较为灵活，职业针对性较强，在培训和继续教育中仍具有实用价值。但是，CBVE的能力观是还原主义能力观，把能力看作是一系列孤立的行为，忽视了真实的职业工作中完成任务的复杂性以及智力性操作中判断力所承担的角色，同时，其综合能力只是由各专项能力的简单组合，忽视了工作过程的整体性和系统性。

MES是20世纪70年代由国际劳工组织研究开发的一种课程设计方案，其典型特征是：针对职业岗位规范进行就业技能培训的模块课程组合方案，每个模块都是可以灵活组合的、技能及其所需知识相统一的教学单元。以技能训练位核心，每个模块都是相应的技能训练项目，通过学习可以使受训者获得社会生产活动中所需要的一种实际技能。CBVE课程而言，两者都是建立在职业分析的基础上，但它是以某个职业的若干项工作规范作为制作模块的依据。

“宽基础、活模块”课程结构也称“KH课程结构”，是当前我国中职教育普遍采用的一种课程设置方案。其典型特征包括：宽基础阶段面向职业群。在宽基础阶段的课程及教学内容集合了一群相关职业群必备的知识和技能，注重职业通用技能的训练，以期为今后的转岗和继续学习奠定“知识和技能”基础，一般包括了职业群专业类、社会能力类、工具类和德育文化类四个课程板块。活模块阶段面向具体职业岗位，侧重具体职业岗位所需能力的训练，一般针对相对确定的一个或几个就业岗位进行训练，强调教学内容与职业资格的对接，为就业做技能方面的储备。

多元整合结构课程结构在理念上强调博采众长、各取所需，试图在对各种课程模式比较分析的基础上，归纳总结职业教育各类课程设计方案的共同规律和特色，整合成一个最优化的课程模式。其典型特征包括：课程结构的综合化、模块化、阶段化和特色化，即结合人才培养的具体要求，将各类课程特点加以综合应用。在确保课程目标具有明确职业化方向的前提下，设置技术化特色的课程，实施课程内容综合化，采取模块化课程的组合形式，设计阶段化的教学进程。突出课程设置与学习的个性化，强调“以学生为中心”的课程资源开发与教学安排，满足个体多样化的学习要求和个体职业生涯发展的需求。

**（三）系列化课程结构模式**

系列化结构是基于美国学者艾德勒于20世纪80年代初提出了基础教育“三支柱”课程

构型❶。三支柱课程的目标分别是系统知识的掌握,智力技能的培养,以及理解力、洞察力、鉴赏力的扩大。该模式借鉴到职业教育领域,认为职业教育的课程要使学生在系统的专业知识、熟练的职业技能和积极的职业态度等三个方面的循序渐进的不断发展。基于这种个体全面发展的观念,职业教育的课程需将职业态度的培养以及职业热情的形成贯彻整个学习年限,并与职业知识和职业技能的培养同步,三类课程同步设置、贯穿整个学习年限之中。这对扭转传统的只强调理论知识传授,忽视技能训练和职业态度培养的课程观具有积极意义,我国目前在职业教育中强调素质教育也一定程度上受其影响,但这种模式在具体的课程内容组织和课程设置上存在较大的难度。

**(四)工作过程系统化课程结构模式**

工作过程一般指的是以具体的工作成果获得为目标,通过具体的工作任务完成进行的一个完整的工作程序。每一个工作程序均由工具、产品、工作人员和工作行为等四个要素组成。而获得复杂的劳动成果或产品需要多个工作过程,那么,这一系列的工作过程就构成了获得该劳动成果的"工作过程系统"。工作过程系统化课程即根据产品的"工作过程系统"确定相应的"学习领域"后,以学生为中心而形成的一种课程方案。它强调以学生直接经验的形成来掌握的、融合于各项实践行动中的最新知识、技能和技巧。工作过程系统化课程模式的主要特征:要求保持课程学习中工作过程的整体性(即在完整、综合的行动中进行思考和学习);重视典型工作情境中的案例;将学生职业知识、技能和态度的养成融合在具体的学习领域之中,每一个学习领域均是一个完整的工作任务,而整个课程体系就是一个职业岗位(岗位群)的系列工作任务,它们是彼此关联的。该模式强调了职业能力的行动性,突出了学习者的主体性地位,重视学生的自我学习和自我管理,对学习者岗位职业技能和综合职业能力的发展均具有明显的作用,是我国高职课程改革的整体方向。但是,由于工作过程系列化课程结构对典型工作任务和课程载体的要求较高,在一些专业和学校现有教学条件下有时难以找到完全满足要求的学习任务,同时,工作过程系统化课程对教师、场地、设备以及学校各方面的管理提出了更高的要求,其改革应是一个循序渐进的过程。

从以上几个课程结构模式的回顾与分析中,我们形成了以下几点认识:

其一,高职教育是以就业为导向、面向经济社会生产一线职业岗位培养高技能人才的教育类型,以学科知识的系统性和完整性为基础,采用基础课程—专业基础课程—专业课程的学科教育课程结构不利于其职业岗位技能的训练和职业能力的发展。我们必须以职业能力发展为核心,从工作逻辑和个体职业能力形成的客观规律重新设计高职教育的课程结构。

其二,模块化课程结构作为在世界范围内广泛应用的一种职业教育课程范式,其针对性和灵活性较为突出,但目前以 CBVE 和 MES 模式均是以任务能力观为基础来设计和开发课程的,尤为适用于具体的实践操作技能和专项能力的培养,但其忽视了工作过程的系统性和复杂性,人为地将完整工作过程中所需要的各项技能分解,不利于个体综合职业能力的发展。采用何种组合方式对模块化课程中各模块进行系统化,形成反映真实工作需要、并在完整的工作任务完成过程中使个体的知识、技能、态度和方法予以转化和迁移形成综合职业能力的模块化课程结构,也就是如何模块化的方法问题,是优化模块化范式的重要问题。

---

❶ 钟启泉.现代课程论[M],上海:上海教育出版社,1989

其三，理论课程和实践课程是当前高职教育课程结构中的两种基本课程类型，围绕能力发展核心目标如何设置理论课程与实践课程，其学时、学分、开设顺序以及比例和数量等问题，是高职课程结构设计需要考虑的一个基本问题。目前高职课程领域出现的理论课程实践化、实践课程工作过程系统化的趋向，逐渐打破理论课程与实践课程之间的界限，建立起基于工作过程系统化的一体化课程，更有利于学生综合职业能力的发展。

## 二、能力发展核心的高职课程结构设计

### （一）能力发展课程体系结构设计原则

如何来设计能力发展核心的课程结构，要充分考虑高职教育的实践性特征、职业能力的整体性以及个体职业能力发展的客观规律。基于此，能力发展核心的课程体系结构设计原则主要包括：

（1）整体性原则。综合职业能力观将职业能力看作是一个由知识、技能、态度与方法、经验等经过转换和迁移等方式所形成的个体具备完成某项职业活动的心理特征。整体性原则强调强调课程体系内各个部分的协调一致，通过对体系内各类课程和各门课程整合组织、有序排列，使系统形成具有一定结构的有机体，充分发挥其整体功能——利于个体综合职业能力的发展，各门类课程的设置均服务于这一整体功能的实现。

（2）实践性原则。课程结构设计的实践性原则主要表现在：各门类课程均要体现突出职业能力培养的实践性导向。高职课程中广泛存在的实践环节、实训课程、顶岗实习以及学业评价等构成了职业教育课程结构的实践性特色，实践性贯穿在整个课程结构之中，在能力发展核心的课程体系中，须通过以具体工作情境的职业活动流程、产品开发流程的将具体课程内容、各门类课程有机的排列、序化，是个体的综合职业能力得以充分的发展。

（3）开放性原则。能力核心课程结构设计的开放性原则强调：高职教育作为面向社会生产一线的教育类型，其课程编排、课程时间安排上要具有一定的弹性和灵活性，以利于行业企业的参与，利于根据产业结构变更、技术升级以及产品更新出现的能力要求变化调整课程设置和课程内容。同时，能力的发展过程本身需要学习者的自主探索和自主选择，开设更多的选修课程和活动课程，将隐性课程纳入整个课程体系，使课程体系更具开放性和灵活性，有益于促进学生能力的个性化发展。

### （二）注重能力发展的主要课程类型

从综合职业能力观的主要能力发展目标出发，以能力发展为核心的高职课程主要包四种类型的课程，即：专业知识课程、专业实践课程、人文素质课程和关键能力课程。

#### 1. 专业知识课程

高职教育作为职业教育的高等层次，同时也是高等教育不可或缺的组成部分之一，属于国际教育标准分类的5B层次，所培养的是高层次的技术技能型人才。因而，高职人才的培养目标不仅包括了对职业操作技能的要求，同时也包括了对其专业技术知识理论基础以及知识、技能、态度相结合的职业能力要求。其能力要求不能停留在简单的生产操作技能层次，更多是运用相应的技术知识对具体的工作环境进行有效的调整与优化，以适应科学技术进步及现代工业生产对操作与生产工艺流程变革的需求，这就要求高职教育必须重视相应的理论学习，需设置一定的专业理论课程。在产业结构不断调整、技术变革加速的现代社

会,企业经营者对员工的要求也越来越高,他们希望员工不仅仅是一个操作能力较强、能够执行生产指令的"机器人",同时具备工作所需的技术理论知识和基本知识,以便在生产过程灵活、有效的处理各种突发问题,快速适应新技术和生产工具带来的能力要求。但在相当长一段时间内,高职教育对专业知识理论的关注度不高,学生没能很好地掌握专业基础知识,导致企业经营者对高职毕业生存在不信任感,认为其很难胜任技术能力要求较高的工作岗位,这也在某种程度上导致高职教育的社会认可度不高。要扭转这一局面,有必要在综合职业能力为核心的高职教育中注重理论知识的学习和掌握,提高学生的基础知识和专业理论水平,增强学生的毕业生的社会竞争力。当然,这并不意味着将高职教育变成学术性的教育,而是使高职教育培养的技术人员获得在工作过程中发展的一种潜在的推动力。

具体而言,专业知识课程主要包括:①各行业或产业之基础的学科原理。指的是各行各业赖以存在的基础学科知识,如物流运输行业的物流管理基础科学、运筹学等。虽然这些行业的技术要求及岗位要求在现代社会中快速变化,但其基础理论发展相对还是较为缓慢的,而这些理论知识的掌握是从事这一行业不可或缺的知识,只有掌握了这些知识,才能在工作现场能够运用这些原理解决实际性问题。②各行业工艺规程知识。这类课程主要是关于各行业必不可少的生产工艺流程的认知学习,包括了操作工序的计划过程、对操作工序在理论上的理解、不同工序之间及同零部件之间的关系、专业名词、专业词汇、资料或数据的来源,以及本行业中有助于正确判断和识别的概念。这些知识的了解有助于学生将学科原理运用到有意义的生产劳动实践之中。③数学等适用于各行业领域共通的知识原理。它包括数学、英语、自然科学、社会科学、行为科学、甚至还有生命科学如生理学等。这类学科知识在具体的取舍上要以对所在行业或职业群领域的适用程度,在共同性原理基础上,侧重对该类学科知识在本行业领域的应用,目的是让学习者掌握有关学科的原理,使他们将来在职业的进步过程中能理解行业中可能发生的变革。

2. 专业实践课程

较之普通教育,职业教育的显著特征是其职业性导向,而高等职业教育作为面向经济社会一线培养具有较强职业能力高素质人才的职业教育类型,关注学生职业能力,包括学生操作技能和技术应用能力的培养是其本质要求。因而,实践课程是高职教育课程体系的重要组成部分,同时也是其关键点和难点所在。高职教育的实践课程要注意三个基本问题,其一是与专业知识课程之间应相辅相成、相互促进,实践课程和理论教学在课程和教学内容上要相互适应和联系,实践要在理论的指导下进行,对理论知识的掌握和了解具有帮助;其二是与普通高等教育工科类专业实践课程要有所区别,它更为接近社会生产实践,是与职业资格证书与技术等级证书相适应的实践课程,有点类似于岗前职业培训;从职业教育专业性强、操作性强等特点出发,以相应的专业性与操作性、应用性等作为切入点,强化实践课程的效能,凸显职业教育的特性;其三是与中职教育实践课程的区别,要在课程内容的深度、结构和涉及的能力要求方面有更高的要求。要结合专业领域的理论知识,科学技术发展的现状以及学校或是社会条件的一些具体情况制定整体的课程设置与开发计划,对实践发展持发展的眼光,加强对理论结合实践的技术性技能,发展性能力结构要素等进行发展,加强高职学生区别于中职学生的技术性能力训练。

在以综合职业能力发展为核心的人才培养理念下,高职的实践课程的设置与改革首先要注重行业企业的动态调研。行业企业技术革新的加速，要求高职教育在人才培养目标，尤其是职业岗位能力要求方面与生产一线保持密切的联系，要通过持续不断的企业调研，及时了解行业技术变革带来的职业岗位能力新要求，通过市场调研，联合来自行业企业、职业教育课程研究者、教师等多个领域的专家对，分解提炼出从事具体职业岗位所需的核心职业能力，并根据这些要求开发和设计实践课程，实现实践课程与生产实际操作运用有机结合。

目前，实践课程作为高职课程体系中的重要组成部分，受到了越来越多重视，但总体上尚未建立起系统的实践课程体系，实践课程在高职人才培养中应用的作用尚未得到充分发挥。以职业能力发展为核心，以工作系统过程化方式为序化原则，建立系统和相对独立的实践课程体系，是高职教育课程改革的重要方向。要逐步在教学计划中加大实践课程所占的比例，形成以基本实践能力和操作技能、综合技能训练与岗位专项训练相结合的实践教学体系，转变长期以来实践教学以理论验证为主要目的的状态。同时，在实践课程的设置上，既要关注横向知识的相互渗透，又要关注纵向能力培养的系统性。

3. 人文素质课程

教育从本质上来说是个体社会化的一个重要手段，这不仅包括了为学生未来的社会生活与工作提供必需的知识和能力，即："学会做事"。同时也要使学生懂得如何与人交往，能够尊敬他人，具有基本的礼义廉耻和健全和人格，即"学会做人"。但目前我国的高职教育存在着忽视学生人文素质教育的问题，人文素质课程设置偏少，在某种程度上造成了"有技术、没文化"的现象，从长远而言，对劳动者的职业生涯发展和健康生活均会产生负面效应，同时，诸如劳动习惯、劳动态度、安全知识、语言交流以及人际关系等因素作为个体形成良好职业能力、发展团队协作能力的重要基础，对个体终身发展也具有重大意义。高职教育要实现内涵发展，培养具备综合职业能力、社会广泛认可的高素质技术技能人才，需要将人文素质课程作为能力发展核心课程体系的重要组成部分。

人文素质课程的核心任务是"育人"，通过人文素质课程，使学生树立遵纪守法、团结合作、爱岗敬业、明礼诚信的道德规范，形成良好的劳动意识、效率意识、环境意识、规范意识、创造意识、质量意识和科学严谨的工作态度。人文素质课程应关注个体人格养成、身心素质、思想道德素质、人文素质的提全面提高，充分体现现代社会对职业人才的人文素质要求。这些课程包括了国家规定"军事理论课"、"思想道德修养与法律基础"、"形势与政策"、"毛泽东思想、邓小平理论和'三个代表'重要思想概论"，同时还应该包括"大学语文"、"法律基础"、"美学艺术"等相关人文课程。同时，在人文素质课程设置上要注意显性课程与隐性课程的相互渗透与相互融合，充分发挥第二课堂、社团和党团活动、社会实践、学术报告、顶岗实习等各种有利于学生人文素养发展的活动的作用。

4. 关键能力课程

以人为本是当代社会发展的重要理念，在高职教育中体现以人为本，就是要以学生为本，以学生的个性全面发展、潜能全面挖掘为根本，使学生具备在职业生涯中不断成长和发展的关键能力。美国劳工部经过调查预测，20 岁的年轻人在今后一生的工作时间内，职业的转换将会达到 6 ~7 次之多。这种情况表明，一个人一辈子固定在一种职业或一个工作岗位上的时代即将消失，我国社会也发生着同样的变化。职业者必须具备有在不断变化的技术和人文环境、工作岗位中发展出新的工作能力和岗位技能，而这种要求反映在高职教育中就是对方法能力,包括发现新环境中出现的问题,收集、处理并利用信息和相关资源寻求解决问题的途径,具备学习的方法以期不断追踪和掌握新的技术要求和能力要求。以培养学生具有普适性和迁移性的关键能力课程应成为综合职业能力发展核心课程体系中的基本组成部分。

当前国内外关键能力课程改革和设置的方式主要有基础策略、渗透策略、独立策略和整体策略等,独立策略强调设置单独的关键能力类课程,目前高职院校所开设的职业拓展类课程、通用能力课程均可以看作是其应用。其他的方式更为强调在课程的微观结构,主要是具体课程的内容选择、序化方式以及课程实施与教学策略上进行改革,微观上的课程结构优化在于更多的使课程具有灵活性和开放性,利于学习者主体性作用的发挥,在学习过程中以更利于引导主体主动思考、自主或协作探究,寻求解决真实任务环境下所面临的问题的解决途径。同时,设置一定数量的关键能力类选修课程,以个体兴趣为基础锻炼学生的关键能力也逐渐纳入整个课程体系。更多的实践表明,在关键能力的培养上,以社团活动为典型的第二课堂以及学校环境中广泛存在的隐性课程,同样发挥着重要的作用,在能力发展核心的课程结构中,关注显性课程与隐性课程的共同作用,构建起更具有开放性和发展性的能力课程结构范式,是优化高职课程体系的发展方向。

### (三)几组课程之间的关系

综合职业能力发展核心的课程结构设计,还需对各类课程之间的相互关系进行深入的探究和分析,以期使各门类课程形成一个有机整体,共同促进学生综合职业能力的发展。

#### 1. 四类课程之间的相互关系与比例

我们将能力核心课程体系中的基本课程类型分为专业知识课程、专业实践课程、人文素质课程以及关键能力课程。其中,专业知识和专业实践课程更为侧重发展学生的专业能力,而人文素质及关键能力课程更为侧重发展个体的一般能力和综合素养。由于职业教育就业导向的本质要求,专业知识课程和专业实践课程应在整个体系占据主体地位,而专业实践课程的比例也应该逐渐增大,一般认为要占到专业类课程的2/3以上。目前,高职院校开设的人文素质课程以统一规定的思想政治教育课程为主,总比例上已经不小,一方面对现有的思政课程进行有效整合,以专题形式重组思政类课程,避免内容重复、减少课程门数和学时数;另一方面应增设一定比例的关于社会、法律、经济、审美欣赏、语言类素质课程,增加人文素质教育中的“通识”成分。而关键能力课程当以渗透为主,以选修课和第二课堂为主,使之既成为贯穿整个课程体系,但不影响其他课程设置与实施,而是与之相融、相互促进的组成部分。

#### 2. 选修课与必须课

必修课程和选修课程的关系也就是课程的统一性与选择性关系。必修课程作为实现人才培养基本目标的主要载体,在整个课程体系中占主体地位;而选修课作为人个性化发展的重要渠道,能凸显个性的主体性作用,是学生基于兴趣爱好开展主动积极的学习载体。“人的认识发展是主体的建构过程。”[1]因此,学习过程中唯有充分发挥个人的主体性和积极性,才能获得持续不断地发展。选修课程数量的多少也意味着学生选择权的大小,“人的真正的

---

[1] 皮亚杰. 发生认识论原理[M]. 北京:商务印书馆,1994

变化在自我选择中”由上可见,选修课程的作用是绝对不能忽视的。从“环境”与“生境”这两个概念的内涵中,我们可以更好地理解必修课程与选修课程间的关系。必修课程仅为人的发展提供了一个教育的“环境”,而对个体发展真正起作用的是教育的“生境”,它在很大程度上依赖于选修课程。教育环境是每一个个体生命存在的共同的和共生的场域,而生境是环境中纳入主体的视野并能够被利用的部分,共处于一个教育环境中的个体生命都有各自不同的生境。因此,能力发展核心的高职课程体系应保持足够的灵活性,即允许学生自由选修一定数量的课程,只有这样,个体的生命才能得到自由发展。

3. 理论课与实践课

理论课程与实践课程是紧密联系着的一对课程。怀特海曾精辟地指出,“学习过程存在一种从属的应用性活动”。事实上,应用是知识的组成部分,未被应用的知识是没有意义的知识。概括而言,理论与实践的关系可表述为:实践是理论的要求,但实践同时也是产生理论的源泉;只有加强实践,理论才能得以更替,并焕发出活力。理论课程与实践课程的关系也同样如此。

于高职教育而言,实践课作为训练个体职业技能、形成学生综合职业能力的主要课程载体,其重要性不言而喻,加大实践课程比例,加强实践课程教学是其本质要求。但高职教育也是高等教育的一种类型,学生必须掌握一定的专业基础理论知识,要知道“操作一台机器”,也要知道“这台机器的基本工作原理”,因而在高职课程体系中须有基本的专业理论课程,凸显高职之“高”。赵志群❶认为我国高职教育的理论课程与实践课程经历了“理论与实践并行的课程”—“理论为实践服务”—“理论实践一体化”三个阶段,并认为理论实践一体化课程通过整体化职业分析学习领域来建构能力课程体系,更有利于学生综合职业能力的发展。

4. 显性课程与隐性课程

隐性课程,又称潜在课程,是指“在学校、班级的环境里,以无意识的方式对学生的知识、价值、行为规范、情感、态度等发生影响的全部信息的总和及其动态传递模式”❷。显性课程与隐性课程最明显的区别在于显性课程主要是有计划的、预期性的影响,而隐性课程则主要是非计划性、非预期性的教育影响。隐性课程主要可分为三类:①制度类隐性课程,主要指学校制定的各种规章制度、校训等;②关系类隐性课程,主要指学校中的师生关系、生生关系等;③校园环境类隐性课程,包括学校建筑及各种功能场所的设计分布,校园的绿化、美化以及校园的宣传设计等。概括而言,隐性课程主要通过物质和文化等要素构成的教育环境对学生产生影响。由于隐性课程对学生价值观念、态度及职业道德的形成具有重要意义,对学生综合职业能力的发展具有推动作用,虽然隐性课程主要历史作用的结果,但是我们仍可以有意识地加强隐性课程的建设和实践,采取打破课程结构的封闭、僵化;重视教师队伍素质和职业道德的提升;重视情感、态度和价值观的发展目标;重视校园制度文化和物质文化的建设等方式,可以有效地促进高校隐性课程的发展,使之与显性课程相辅相成,共同致力于学生综合职业能力和职业素养的发展。

---

❶ 赵志群. 浅论职业教育理论实践一体化课程的发展[J]. 教育与职业,2008(12)

❷ 陈旭远. 试论潜在课程的概念和结构[J]. 教育理论与实践,1994(1)

## 第二节　提升职业关键能力课程体系的过程要素分析

课程体系的过程要素主要是从动态的角度来观察课程结构，由于过程要素包含的范围非常广泛，本研究主要侧重从课程体系的实施要素进行分析，以建构主义理论有关课程实施本质和实施目的的观点为基础，探讨以学生综合职业能力发展为核心的工学结合课程实施模式的构建问题。

### 一、建构主义课程实施观

1. 关于课程实施的本质

课程实施的本质具体体现在人们对课程实施取向的探讨中。按照辛德等人所提出的课程实施取向的三种基本类型，即忠实取向、相互调适取向和课程创生（缔造）取向。忠实取向是受“技术理性”支配的，把课程实施的本质看成是忠实执行课程方案的过程，判断课程实施成功与否的基本标准是预期课程方案的实现程度；相互调适取向是受“实践理性”影响的，把课程实施看作是课程方案制订者与课程实施者之间相互了解和调试的过程；而课程的创生取向则把课程实施看作是师生在具体情境中联合缔造新的教育经验的过程，在创生过程中，已经设计好的课程方案只是作为师生之间进行或开展“再造”的材料和背景，是一种课程资源。

在建构主义看来，教学过程是学习者主动学习的过程，学习的发生是学习者主动与周围环境发生交互作用的结果，教学应为学生的有意义学习建设一个有利的生态化学习环境，这种环境能够支持学生的自由探索和资助学习，是“学习者在追求学习目标和问题解决的活动中可以使用多样的工具和信息资源，并相互合作和支持的场所”❶。通过学习环境的建构，学生主体性作用的发挥，新的教育经验不断出现。因而，建构主义更多地把课程实施看作是课程制定者、实施者以及实施对象之间相互调适或创生的过程，而且随着教育层次的上升和课程实施者素质的提高，“创新取向”也将被视为课程实施过程的基本取向及其本质所在。

2. 建构主义指导下的能力发展核心课程体系实施的原则

从建构主义学习理论和教学设计理论出发，根据能力发展核心的需求，其课程体系实施的基本原则可以概括为以下几个方面：

（1）以学生为中心实施课程体系的原则。建构主义强调在实施过程中应充分发挥学生的主动性，让学生有多种机会在不同的情境下去应用他们所学的知识，并根据自身行动的反馈信息来形成对客观事物的认识和解决实际问题的方案。学生在一个积极主动的过程中，利用课程资源和对学习情境的理解，形成综合了知识、技能和方法等内容的综合职业能力。

（2）建构有意义学习情境的原则。建构主义认为，学习总是与一定的社会文化背景（即情境）相联系，只有在一个真实而具体的学习情境之中，个体才能利用自己原有认知结构中的有关经验，去同化和“牵引”当前学习的新知识而赋予新知识以某种意义而形成有意义学习。个体能力的发展也是在这样的一个有意义情境下发生的，在与具体情境相联系的学习

❶ Wilson · B · G. Metaphors for instruction：Why we talk about learning environments[J]. Educational Technology，1995

过程中，个体对基于职业工作的学习任务有更为明确的认识和理解，并能够将已有的知识、技能和方法应用到任务完成的过程中来。

（3）协作学习原则。协作学习环境及学习者与周围环境的交互作用，对于学习内容的理解（即对学习意义的建构）起着关键性作用。通过协作学习，学习者群体的思维和智慧可以被整个群体共享，共同完成对所学知识的意义建构。同时，从建构主义学习的社会性与社会能力发展的角度来看，通过协作学习，个体在职业工作中有效的与人交流和表达意见、并在此基础与同伴团结协作共同完成工作任务的社会能力也需要在协作学习的过程中形成和发展。

（4）充分开发和利用各种资源支持学习的原则。为了支持学习者主动探究和综合职业能力的形成，在学习的过程中，要为学习者提供各种所需的学习资源。当然，这些学习资源并非仅用于辅助教师的讲解和演示，更为重要的是用于支持学习者的自主学习、协作式探究和综合能力发展。

## 二、工学结合、能力发展核心的课程与教学模式

以建构主义理论为基础，我们把个体综合职业能力的形成过程看作是一个主体积极性发挥、在有意义的任务情境下通过协作学习等多种方式充分利用各种课程和社会资源完成学习任务的过程。它应该是在能力发展核心的基本价值取向理念指导下，采用项目课程、任务引领型课程以及学习领域课程及工学结合的教学模式，对课程实施的组织形式、教学方法、教学手段、师生关系以及教学情境进行全面重构的改革过程。

### 1. 能力发展核心的课程模式和教学方法

整合主义能力观强调能力的发展与工作任务完成过程的紧密联系，理论与实践通过特定的载体（课程载体）有机融合在一起，通过手脑并用的“做中学”及行动导向的有意义学习，才能有效地发展学生的综合能力。从这一认识出发，我国职业教育界开展了大量的研究与实践，形成了几种具有代表性的课程模式和教学方法，主要包括项目课程及教学、任务引领型课程和教学、学习领域课程与教学等。

（1）项目课程及教学。项目课程是指以工作任务（项目）为中心，选择、组织课程内容，并以完成工作任务为主要学习方式的一种课程模式；同时，它也是一种教学方法，意即师生通过共同实施完整的“项目”工作而进行的教学活动。项目课程把实践理解为过程与结果的统一，认为教学和学习只有指向产品的获得才具有意义，才能达到激发学生学习动机的目的。项目课程的基础是学习任务，应当满足诸如具有完整的工作过程，能够将某一教学课题的理论知识和实践技能结合在一起，与企业实际生产活动（或商业服务活动）有直接的关系，强调对学习过程的规划、思考、反馈和分析等。

项目教学认为教学的内容的重点是“实际工作中所需要的，带有一定经验性质的工作过程知识和技能”，强调在教学过程重视学生的主动性发挥，以便使课程教学和学习能够实现“合理利用专业知识技能独立解决专业问题的能力”。项目课程的实施要求把职业实践过程设计为在职业实践情境中展开的学习过程，借助有效的教学组织形式和真实工作情境的教学情境设计，以学生为中心开展指向工作任务完成的课程教学活动，其教学过程主要包括五个步骤，即：确定工作任务—尝试完成工作任务—提出问题—查阅并理解和记住理论知识—

回归工作任务等❶。项目课程和教学能够帮助学生了解和处理工作、学习和生活中各种复杂关系和矛盾,为学习者今后职业活动寻求个性化的解决方案打下基础,从而实现学生职业能力的有效培养。

(2)任务引领型课程与教学。其基本含义是指在职业教育中以工作任务为中心来组织课程内容,按照工作任务的相关性设置课程门类。任务引导型的基本思路是用工作任务引领知识、技能和态度,改变把知识、技能与工作任务相剥离的传统格局,让学生在完成工作任务的过程中学习相关知识,发展综合职业能力。"任务引领"的教学强调通过设计一系列由易到难的任务,并在教学过程中让学生独立完成这一系列的任务,通过主体性参与的实践获得其中包含的理论知识,并借此实现理论学习和实践学习的融合,使学生职业技能和能力得以有效发展。

从任务引领型课程的开发和实践来看,目前主要采用的任务引领型课程开发方法是DACUM方法或以DACUM开发方法为基本思想的工作任务分析方法,其工作任务分析对象的能力多指向完成工作岗位任务需采取的动作和行为,缺乏整体性和系统性,其实质是技能,这对于个体综合职业能力的形成来说还是不够的,需要设计具有开放性、完整性,超出分割的动作技能式学习任务,才能有效地发展学生解决复杂问题的综合职业能力和创造能力。

(3)学习领域课程和教学。所谓学习领域课程,是以一个职业的典型工作任务为基础的专业教学单位,它与学科知识领域没有一一对应关系,而是从具体的"工作领域"转化而来,常表现为理论与实践一体化的综合性学习任务。学习领域课程具有如下几个特点:其一是课程目标是学生综合职业能力的培养,注重将学生专业能力和关键能力的培养有机结合起来;其二是强调学习的主体是学生,通过学生主动积极的学习,学习者不仅获得满足即将就业的职业岗位的职业岗位能力,而且将获得职业生涯发展的潜能;其三是学习内容的基础是来源于工作实践的,是某一职业的典型工作任务,典型工作任务描述的是一项具有代表性的职业工作行动任务,其工作过程具有系统的完整性和职业的代表性,能够反映职业典型工作内容和工作方式;其四是学习过程具有工作过程的整体性,学生在综合的行动中思考和学习,完成从明确任务、制订计划、实施检查到评估反馈的完整过程。

学习领域的课程实施把学习理解为理论和实践一体化的综合职业能力发展过程,把教学看作是为学习者提供了丰富的学习材料,从而帮助学习者进行自主的、有意义的学习,其学习材料常常以常以引导问题(包括文章、图表和信息等)的形式出现,常见的有工作页、引导课文和自学卡片,在学习材料的帮助下,学生可以设想出最终工作成果并进行自我控制的学习(包括独立或团队协作学习方式)。其教学和学习是行动导向的,主要的教学方法包括了七阶段协作—反思教学法,基于项目的引导文教学法和基于完整工作过程的职业教育教学活动设计。侧重学生在真实工作情境中的实践学习,让学生亲身经历结构完整的工作过程,通过协作和反思,形成自己对工作的认识和经历,从而获得包括关键能力和专业能力在内的综合职业能力发展。以七阶段教学法为例,其主要的教学阶段包括热身准备—现状分析—目标表述—寻找解决方案—评选解决方案—表述学习结果—回归现实❷。

---

❶ 马成荣. 职业教育项目课程的有效实施及推进策略[J]. 中国职业技术教育,2006(11)

❷ 姜大源,吴全全主编. 当代德国职业教育主流教学思想研究[M]. 北京:清华大学出版社,2007

2. 共同体成员的师生关系

师生关系作为课程实施中的基本关系之一，是决定课程能否有效实施的关键因素之一，现代课程论也将师生交往关系中的影响作为一种隐性课程来研究，并探讨其对个体社会化及社会交往能力的重要影响。概而言之，良好的师生关系是整个课程实施和教学工作的基石。从教师主导的传统师生关系隐喻发展至今天的学习共同体成员关系隐喻，教师和学生之间更多地在教育教学活动中以处于不同认知发展阶段的共同体成员身份进行交流，完成身份和意义的建构，获得相应的经验和能力。

最初的师生关系是建立在教师作为成人世界的代表，帮助未成年儿童完成其社会化，成为合格社会成员的假设之上的，教师和学生是处于不同权力等级的上下级关系，教师是师生关系的主导者，是权力的拥有者，而学生是完全被动接受的一方，授受制课堂教学正式基于这种师生关系基础上得以形成。其后，在社会契约论以及市场原理的背景下，师生关系建立在权力让渡和市场选择假设之上，教师向学生传授其社会化的必要知识、技能，作为回报，学生及受益人群给予教师应有的物质生活资源以及必要的尊重，这一改变只是在理论上实现了师生关系在作为社会人基本权力的平等，在教学过程中，教师的主体性控制地位没有实质性的改变。主要表现在教师控制着教学内容、学习进程和步骤，教师处于控制地位，拥有实际性话语权，并对全程进行监控，及时纠正学生的错误以及不符合程序的动作，学生只是简单的复制这一过程。“这种统治与被统治的关系由于一方在年龄、知识和权威等方面的有利条件和另一方低下与顺从的地位而变得根深蒂固了”❶。无论教师作为成人世界代表的假设还是社会契约关系的假设都无法解决师生关系的实际不平等问题，平等师生关系的建构有待引入新的前提假设。

基于社会盟约关系的学习共同体假设建立在尊重个体差异的基础上，把师生关系纳入了共同体平等成员关系的范畴内，将原来的师生授受关系还原为真实的社会文化关系。它根据的是对他人的尊重、公正和赏识，同时接受他人的伦理学，是差异内和平的合作。它受到一个参加全体共同体的人们相互联系、相互依赖的网络隐喻的鼓舞❷。教师不再作为成人世界的代表或者独占知识话语权的存在与学生进行交流，学生亦不作为被社会化的对象和知识技能“复制”的个体存在。教师和学生在尊重个体现存差异的基础上，基于对共同体成员共享目标、价值观和理念追求的责任和义务，开展共同的知识建构和社会意义建构活动，发展基于尊重和信任的交往与关系，鼓励分享思想、揭露无知、质问疑难和耐心倾听，不断发展作为共同体成员的身份和自我意义建构，新成员通过适应逐步从边缘参与者变成核心成员，并将共同体拓展，实现共同体组织的自我更新。

3. “团队协作”的组织形式

教学组织形式是指为完成特定的学习任务，师生或者学生之间按照一定要求组织所体现出的活动形式，是师生或生生之间的相互关系和合作形式。常见的教学组织形式包括班级

---

❶ 联合国教科文组织国际教育发展委员会编著．华东师范大学比较教育研究所译．学会生存—教育世界的今天和明天[M]．上海：上海译文出版社

❷ Furman, Gail C. “Postmodernism and Community in Schools: Unraveling the Paradox,” Educational Administration Quarerly 1998

课堂学习、独立学习、双人学习和小组学习等。这些组织形式均是根据一定的课程目标和课程教学内容需要所选定的,从个体综合职业能力发展的角度来说,采用小组学习方式,以“团队协作”为主要的教学组织形式开展教育教学,鼓励学习者在学习过程中通过交流与反思、协作与分工共同完成学习任务,在个体专业能力、方法能力发展的同时促进其社会能力的发展。

对“团队协作”组织形式的构建,首先涉及一个成员的身份和认同问题。在共同体的隐喻下,小组成员均是为完成特定的学习任务、乃至更广泛意义上的学习和社会生活目标,具有共同的目标追求和理想。他们在共同的目标下开展分工协作,在具体任务的完成过程中,分别承担了总结发言人、理解检查员、记录员、观察员、资料员等不同的角色❶,在以角色为基础的共同致力于学习任务的完成。其次涉及团队规模和分组原则问题。在团队规模上,为了保证成员之间有充分的沟通,也避免团队成员过多造成的“搭便车”现象,每个学习团队以3~5人较为适宜,罗杰斯、马兰等人的研究与实践也表明,团队的规模也与课程的具体目标、学生的年龄、学生团队学习的经历、教学材料和设施的便利程度以及合作活动的时间限制等因素有关。在分组原则上,团队协作学习一般采用异质分组,即将学生按照能力、性别、个性特点、家庭社会背景等混合编组,在团队成员间形成最大限度的差异,这样有利于每个人在学习的过程中学习他人的长处、学会如何与持不同观点的人交流、利于成员的共同进步等❷。最后,为更好的发挥团队协作学习的效力,可以鼓励团队成员在计划的课程教学之外继续采取团队形式参加课外活动,如竞赛、社会调查等。

4. 真实任务的教学情境设计

能力发展核心的课程实施对教学情境设计提出了新的要求。根据学科课程教学的需要设计和建设的实训中心(室),存在零散性等缺点,缺乏整体设计思路,加之课程体系本身存在的问题,加大了实训中心(室)设计的偏差。要发展个体的综合职业能力,有必要以完整的职业岗位工作任务系统为设计原则,按照生产的要求和职业实践的过程来设计,学习者的主要活动场所是实训中心(室),而不是传统的教室,从而让学习者尽可能地在真实程度高的情境中学习。同时,实训中心(室)不再仅仅是技能训练的场所,而是融技能训练与专业理论学习于一体。因此,校内实训中心(室)在物质环境设计上,要遵循两个原则:其一,空间结构与工作现场相吻合;其二,具有生产功能和教学功能。在此基础上,还要尽可能地按照企业的工作过程来组织实训中心(室)的教学过程,从而营造一个真实的工作情境,让学习者通过完成仿真的或是真实的工作任务,获得丰富的技术实践知识和理论知识,发展个体的综合职业能力。

## 第三节　提升职业关键能力的“专项+融合”特色课程体系研究与实践

### 一、设计理念与方法

课程作为教育目的实现的重要途径,它集中反映了一定的教育思想和教育观念,同时也

❶ 胡昌送. 突出发展学生关键能力的管理学课程教学探索与实践[J]. 中国职业技术教育,2007(7)

❷ 马兰. 合作学习[J]. 北京:高等教育出版社,2005

是组织具体教学活动的主要依据。从个体综合职业能力发展的理念出发，课程设置在整体上应体现出能力进阶发展的客观规律，设置不同能力发展阶段的课程。同时，虽然能力是作为一个整体发挥作用，但在能力培养的具体课程设置中，应有所侧重发展某项能力要素，形成既有侧重又相互融合的课程。基于以上认识，综合职业能力教育的课程设置主要分为三类：

(1)以关键能力要素发展为主的课程。这类课程的设置主要根据主要关键能力要素的特点设置，除设置诸如思想品德与职业道德、职业规划与就业指导、外语、应用文写作、计算机基础与应用、体育等必修课程外，还可考虑设置包括自我学习能力训练、团队协作能力训练等一系列的关键能力要素选修课程，使个体的主要关键能力要素得到有效的发展。

(2)以专业能力培养为主的课程。专业能力培养的课程设置主要应根据专业所面向的职业工作岗位，基于职业岗位的工作任务，确定相应的学习任务和学习情境，并依据工作任务系统化原则序化组织课程，形成具体专业的专业能力培养为主的课程类型。

(3)以能力综合提升为主的课程。这类课程注重能力的综合运用与提升。一方面，注重以真实的工作任务环境为载体，要求个体通过综合运用各类能力要素，完成相应的学习任务；另一方面，要根据个体综合职业能力的发展情况，设置相应能力阶数的学习任务，使个体的综合职业能力得到逐步提升。具体的课程包括了学生顶岗实习训练以及面向更为广泛职业岗位的工作任务情境训练等。

整体上，上述三类课程既单独设置，又相互联系，使得学生的关键能力与专业能力得到共同发展，并在综合职业能力提升课程中得到实际性运用和有效提升，形成了专项 + 融合的课程体系。

## 二、构建思路与原则

基于学生职业关键能力培养的理念，我们从学生综合职业能力发展的客观需要出发，结合专业所面向的职业岗位典型工作任务要求，重新构建注重发展学生职业关键能力的课程体系。在构建原则上，遵循能力发展和职业教育的客观规律，一方面考虑到专业能力和关键能力这两个二级能力要素在课程教学中应各有侧重的特点，分别设置侧重专业能力目标细项和关键能力目标细项的课程，并各作为一种类型的课程设置。另一方面，注重专业能力和关键能力在具体的工作任务中有机融合形成综合性解决问题，胜任具体职业岗位和具备职业发展潜能的特点，在侧重关键能力和专业能力发展的课程中注意两者的适当渗透。同时，单独设置综合职业能力发展类课程，将综合职业能力在真实性工作任务情境中作为一个整体培养。

## 三、提升职业关键能力的“专项 + 融合”特色课程体系的构建

将学生个体全面发展理念贯穿于课程体系，按照各成系统，相互融通的思路，重构了具有“专项 + 融合”特色的专业课程体系，该体系包括以下三类课程：

(1)开设突出关键能力培养的专门课程。按照职业关键能力的主要要素，开设不同的专项课程，提升学生的职业关键能力。开设的主要专项课程及培养要素对照见表 5-1。

专项课程与职业关键能力要素对照表　　表5-1

| 职业关键能力要素 | 专项课程 |
|---|---|
| 交流表达能力 | 《人际沟通与交流》、《应用文写作》…… |
| 团队协作能力 | 《现代管理能力训练》、《团队协作与管理能力训练》…… |
| 信息检索与处理能力 | 《大学生信息素质及信息能力培养》、《网络搜索工具应用技巧》…… |
| 问题发现与解决能力 | 《社会调查方法》、《项目策划与管理》…… |
| 自我学习能力 | 《自我学习能力训练》、《学习方法训练与团队合作学习》…… |
| 职业道德 | 《职场生存与发展—什么样的员工受欢迎》、《职业生涯规划》…… |

(2)开发融入关键能力要素的专业课程。在专业课程中强化关键能力的培养。我们选取了公路运输与管理、软件技术等专业为试点,在试点专业课程教学内容中,根据职业关键能力发展的目标,融入职业关键能力培养要素。具体情况见表5-2。

试点及推广专业开发的职业关键能力课程教学内容　　表5-2

| 试点及推广应用专业 | 融入关键能力培养要素的课程教学内容 |
|---|---|
| 公路运输与管理/物流管理/社会工作等 | "市场调研方法与报告转型"、"营销策略分析"、"项目团队组建与写作"…… |
| 软件技术/计算机信息管理等 | "C/S开发项目实训"、"软件需求市场调研项目"…… |
| 航海技术/轮机工程技术/机械工程等 | "客户需求分析"、"沟通与口头表达"、"团队管理"…… |
| 房地产管理/工程造价等 | "沟通与口头表达"、"团队管理""分析报告撰写"…… |

(3)开发了注重综合职业能力提升的专项课程。基于校企合作企业的真实生产任务或学生岗前培训,开设为期6~8周的专项综合职业能力训练项目,如"春运服务"顶岗锻炼项目、"移动应用开发"专项技能训练项目、"志愿者服务"社会实践项目等,将学生职业关键能力发展贯穿于教育的全过程,有效提升学生的综合素养。

## 四、提升关键能力培养的试点专业课程体系改革实践

### (一)公路运输与管理专业"专项+融合"课程体系构建的实践

1. 能力发展为核心的课程体系构建思路

(1)构建思路。依据职业岗位任职要求,参照相关职业资格标准,依托专业指导委员会,以公路运输管理岗位职业能力和职业素质培养为主线,基于公路运输管理的实际工作任务、工作过程和工作情境组织课程,构建以项目导向课程为主体的具有本专业特色的课程体系,突出培养学生的职业关键能力。

公路运输与管理专业以"市场驱动"、"项目导向"为原则,主要包括道路运输行业和企业调研、运输管理工作任务与职业能力分析、课程结构分析和课程内容分析,来确定专业核心课程体系。公路运输与管理专业课程体系开发过程如图5-1所示。

(2)以公路运输管理的实际工作任务为导向确定课程设置。课程设置与公路运输管理实际工作任务相匹配,从职业岗位需求出发,通过工学交替尽早让学生进入工作实践,为学

生提供体验完整工作过程的学习机会，逐步实现从学习者到工作者的角色转换。同时，针对日益严重的道路交通安全形势，以及汽车运输企业对运输安全管理人才的需求，在课程体系中增设《道路运输安全实务》课程。

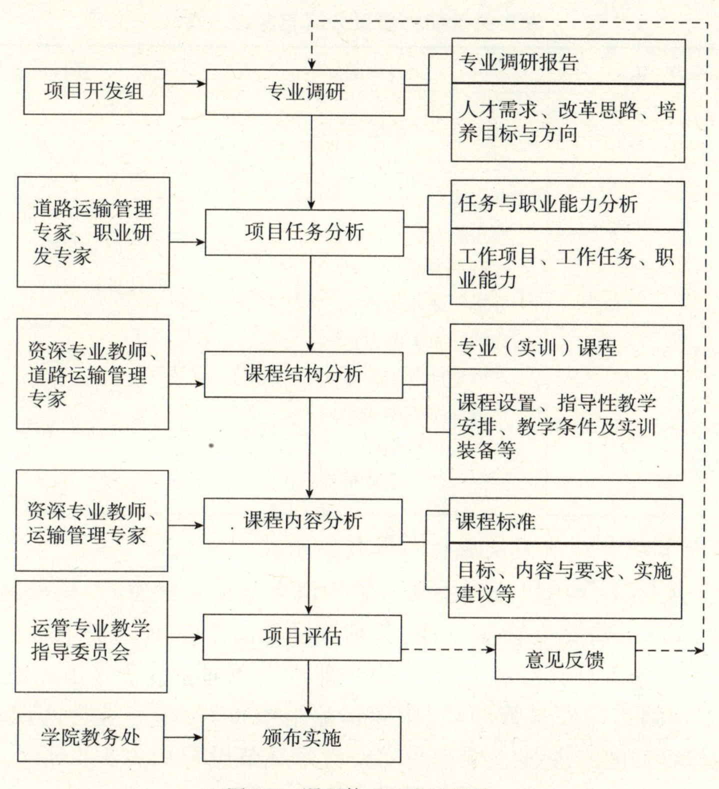


图 5-1　课程体系开发过程图

(3)以公路运输管理的职业能力培养为依据组织课程内容。围绕公路运输管理职业能力的形成组织课程内容，以工作项目任务为中心来整合相应的公路运输管理的知识、技能和素质，实现理论与实践的统一。着重培养学生在复杂的公路运输管理工作过程中做出判断并采取行动的综合职业能力，课程内容与我国道路运输业的发展及相关的最新法律法规知识相适应。

(4)以公路客货运输服务为载体设计教学活动。按照基于工作过程来设计学习过程，以公路运输服务为载体来设计和组织教学活动，增强学生的直观体验，激发学生的学习兴趣。

(5)以公路运输管理国家职业标准为参照，强化技能训练。参照汽车客运服务员、汽车运输调度员 2 个工种的国家职业标准制订专业课程标准。通过校内实训和校外顶岗实习，强化学生的职业技能训练，使学生在获得学历证书的同时，能顺利获得相应的公路运输管理职业资格证书。

(6)突出培养学生的职业关键能力。通过基础理论课程学习和科技文化活动、通用管理能力考证、企业顶岗实习等教学环节，强化学生的职业道德和综合素质，使学生通过在道路运输行业和企业的顶岗实习，能够在真实的工作环境中，锻炼和提高学生的语言文字运用能力、信息采集分析能力、团结协作能力、与人沟通能力，养成良好的职业道德和敬业精神，将素质教育内容融入专业教学课程体系。学生关键能力要素分解与教学环节设置见表5-3。

**学生关键能力要素分解与课程设置** 表5-3

| 学生关键能力 | 能力要素分解 | 课程设置与教学环节 |
| --- | --- | --- |
| 交流表达能力；<br>团队协作能力；<br>自我学习能力；<br>独立思考能力；<br>问题解决能力；<br>规划组织能力；<br>资源分配与使用能力；<br>信息处理能力；<br>运用数学与科技能力；<br>主动探索与研究能力 | 口头语言表达能力；<br>阅读欣赏能力；<br>书写能力；<br>写作能力；<br>逻辑思考能力；<br>分析问题能力；<br>协调与组织能力；<br>常用软件应用能力；<br>通信技术应用能力；<br>文献资料检索能力；<br>职业道德与敬业精神 | 军训；<br>职业规划与就业指导；<br>应用文写作；<br>计算机基础；<br>思想道德及法律基础；<br>通用管理能力考证；<br>科技与文化活动；<br>企业顶岗实习 |

2. 公路运输与管理专业能力发展核心课程体系

公路运输管理实际工作项目任务主要分解为汽车运输企业管理、道路运输行业管理、汽车客运站务管理、汽车运输安全管理、运输车辆调度等。根据对以上工作项目的工作任务、行动领域及职业能力分析，构建以《汽车运输企业经营管理实务》、《道路运政实务》、《汽车客运站务作业》、《道路运输安全管理》、《道路运输组织技术》等专业核心课程为主体的课程体系。公路运输与管理的专业核心课程与实践教学环节设置如表5-4所示。

**专业核心课程与实践教学环节设置表** 表5-4

<table>
<tr><th>职业岗位</th><th>工作任务</th><th>行动领域</th><th>专业核心课程<br>（模块）</th><th>实践教学环节</th></tr>
<tr><td rowspan="5">汽车客运<br>服务员</td><td rowspan="5">汽车客运<br>站务作业</td><td>汽车客运站务服务</td><td rowspan="5">汽车客运站务作业</td><td rowspan="5">校内汽车客运站务实训；<br>校外汽车客运站顶岗实习；<br>“汽车客运服务员”考证</td></tr>
<tr><td>客运站务安全管理</td></tr>
<tr><td>售票</td></tr>
<tr><td>行包快运</td></tr>
<tr><td>客运车辆调度</td></tr>
<tr><td rowspan="7">运输企业<br>管理人员</td><td rowspan="7">运输企业<br>经营管理</td><td>运输市场调查</td><td rowspan="7">汽车运输企业经营管理实务</td><td rowspan="7">校内汽车客运站务实训；<br>校外运输企业顶岗实习</td></tr>
<tr><td>运输市场预测</td></tr>
<tr><td>国际运输经营策略分析</td></tr>
<tr><td>运输经营方案编制</td></tr>
<tr><td>运输企业市场营销策划</td></tr>
<tr><td>粤港澳跨境运输作业</td></tr>
<tr><td>农村公路客货运输作业</td></tr>
</table>

续上表

| 职业岗位 | 工作任务 | 行动领域 | 专业核心课程（模块） | 实践教学环节 |
|---|---|---|---|---|
| 运政执法人员 | 道路运输行业管理 | 运输经营行政许可 | 道路交通实用法规<br>道路运政实务 | 校内虚拟运政大厅实训；<br>校外运政管理顶岗实习 |
| | | 汽车客运市场管理 | | |
| | | 旅游客运管理 | | |
| | | 汽车货运市场管理 | | |
| | | 交通运输稽查 | | |
| | | 运输行政处罚 | | |
| | | 运输行政复议 | | |
| | | 运输行政法律文书处理 | | |
| 运输安全管理员 | 道路运输安全管理 | 驾驶员安全管理 | 道路运输安全管理 | 校内汽车客运站务实训；<br>校外运输企业顶岗实习 |
| | | 车辆安全管理 | | |
| | | 运输安全检查 | | |
| | | 道路交通事故预防 | | |
| | | 道路交通事故处理 | | |
| | | 道路交通事故分析 | | |
| 汽车运输调度员 | 车辆运行组织与调度 | 运输线路分析 | 道路运输组织技术 | 校内汽车客运站务实训；<br>校外运输企业顶岗实习；<br>“汽车运输调度员”考证 |
| | | 运输车辆计划编制 | | |
| | | 运输车辆计划调整 | | |
| | | 车辆运行调度 | | |
| | | 运输车辆指标分析 | | |
| | | 运输车辆应急处理 | | |

**（二）软件技术专业“专项＋融合”课程体系构建的实践**

软件技术专业在分析该专业主要面向的职业岗位所需的专业能力以及关键能力要素基础上，根据这两类能力要素发展的要素分别设置相应的能力要素发展课程，并以综合实训和真实性任务为依托，促进个体在真实任务情境中运用这两类能力要素综合性解决实际问题的综合职业能力发展，形成了以综合职业能力进阶培养的课程体系。如图5-2所示。

**（三）汽车检测与维修专业课程体系构建实践**

1. 设计思路

由于在中级工、高级工与技师之间有明显的综合职业能力阶梯，专业课程可按这一阶梯展开。在进行课程体系设计时，通过梳理与汽车检测与维修工作岗位相匹配的职业能力的发展逻辑顺序，按照由简单到复杂或是工作顺序等原则对职业能力要素进行发展排序，并以此作为课程设置的依据，设计教学和学习路线。例如。技师岗位所具备的“汽车发动机机综合诊断与维修”职业能力可沿着“汽车机械基础技术应用”→“发动机机械系统诊断与检修”→“汽车电控系统诊断与检修”→“丰田（或宝马或博世）车系综合故障诊断与检修”的课程

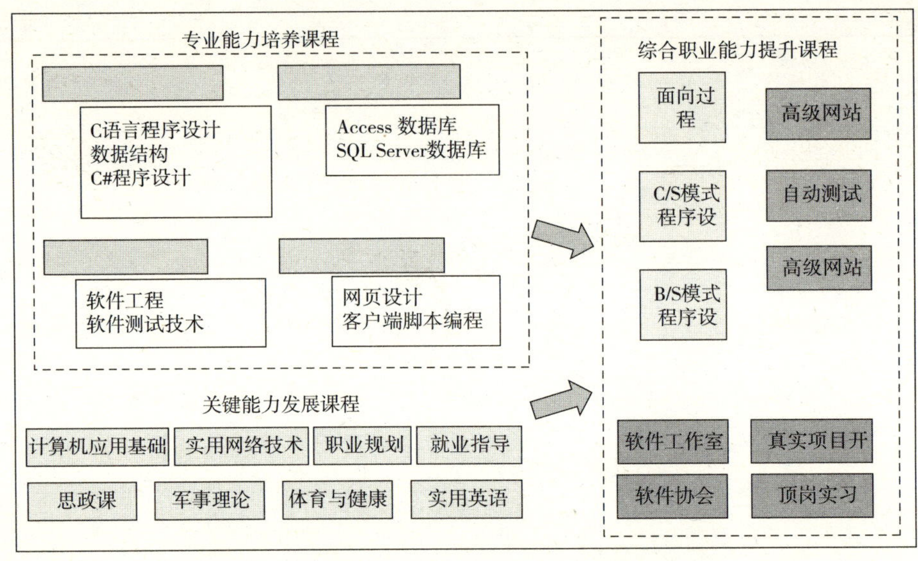


图 5-2　软件技术专业“综合职业能力进阶培养”的课程体系

学习路线进行培养。同时,在专业课程体系设计过程中,将综合职业能力(专业能力、关键能力)同时也是汽车维修职业资格证书的技能和知识要求嵌入课程内容,课程的进程也就是职业能力提升的进程。这样,既符合了学生职业能力的发展规律,也实现了专业学历证书与职业资格证书的双证融合。

2. 以能力培养为主线的汽车检测与维修专业课程设置

按照综合职业能力发展的逻辑关系,该专业的课程体系可以形成以下组合:基本技能平台课程、综合技能平台课程和特色技能平台课程,课程体系框架如图 5-3 所示。各平台课程内容界定如下:

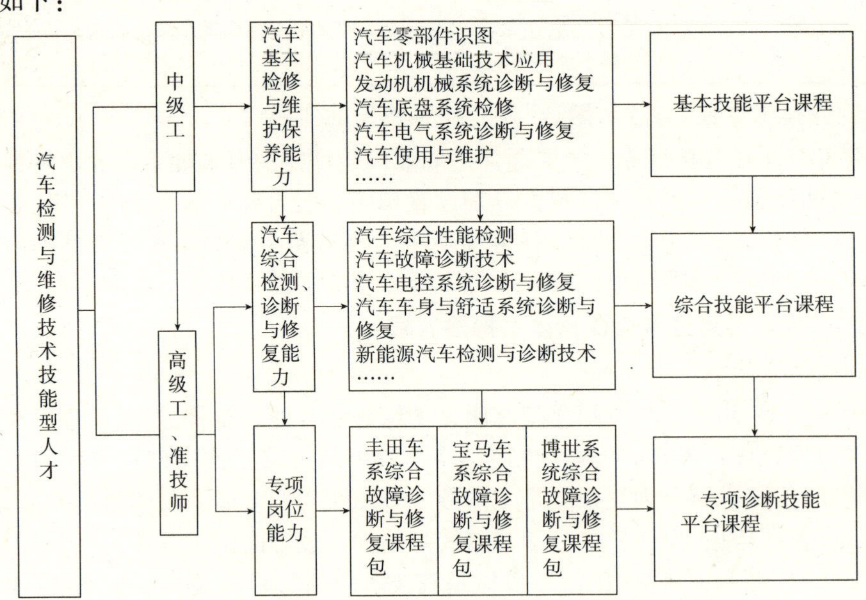


图 5-3　汽车检测与维修专业能力以能力培养为主线的课程体系构建

基本技能平台课程。"基本技能"指学习汽车专业的基本知识和接受基本技能训练，使学生具有扎实的汽车结构、原理和维护的基本知识和技能，达到汽车维修中级工的水平，并取得汽车维修中级工证书。

综合技能平台课程。"综合技能"指在基本技能平台课程基础上，培养学生具有技术综合应用、维修诊断能力、现场的技术管理能力，达到汽车维修高级工的水平，部分学生取得汽车维修高级工证书。

专项诊断技能平台课程。"专项诊断技能"是指经过"基本技能"和"综合技能"的学习和训练后，根据就业方向和订单培养方向，学生接受品牌汽车产品的专项诊断技能的学习和训练，完全贴合企业培训模式，强化岗位职业能力培养，对接工作岗位。学生专业知识、能力和素质的形成是一条平台化、进阶式的路线。各平台课程模块围绕形成基本、综合、专项的各平台的专业核心技能进行设置。

试点专业的课程体系改革实践证明，通过融入职业岗位关键能力的培养，重组和建立起有利于培养学生创新思维能力、独立分析问题和解决问题能力的教学内容和教学课程体系，使学生的职业素质和管理技术能力得到更好的培养和提高。

## 本章小结 "专项+融合"特色课程体系是重要载体

课程作为教育目的实现的重要途径，它集中反映了一定的教育思想和教育观念，同时也是是组织具体教学活动的主要依据。从个体综合职业能力发展的理念出发，课程设置在整体上应体现出能力进阶发展的客观规律，设置不同能力发展阶段的课程。

在传统的能力核心课程体系的基础上，结合职业关键能力养成的一般规律，构建"专项+融合"的特色课程体系，通过对课程体系过程中的要素整合与重构，构建一整套以学生关键能力提升为基础的课程体系。

将学生个体全面发展理念贯穿于课程体系，按照各成系统，相互融通的思路，重构具有"专项+融合"特色的专业课程体系，要开设突出关键能力的专门课程，开发融入关键能力的专业课程，注重综合能力的专项课程，从而在一定程度实现专业知识课、专业实践课程、人文素质课程和关键能力课程的有效融合，以项目课程、任务引领型课程、学习领域课程等课程形式实现课程内容与关键能力的有效对接。在课程实施中，应充分发挥学生的主动性，让学生有多种机会在不同的情境下去应用他们所学的知识，并根据自身行动的反馈信息来形成对客观事物的认识和解决实际问题的方案。

# 第六章

# 职业关键能力课程资源开发实践

按照综合职业能力课程体系的总体要求，结合具体专业特点，分别开发专业能力、关键能力和综合职业能力发展三种类别的课程资源。这三类课程开发均有各自的特点。依托试点专业，我们分别开展了这三类课程的课程开发工作。

## 第一节　职业关键能力专项课程资源开发

以侧重关键能力发展的《信息处理能力》课程开发为例。

1. 课程设计思路

基于综合职业能力发展的理念，在对信息处理能力要素细分的基础上，采取主题（项目）课程开发方式，设计一系列的真实任务情境，在个体以团队或个人方式完成相应的学习情境任务过程中，有效地发展学生的信息处理能力。

2. 分解信息处理能力要素目标

通过信息处理能力要素目标细项的分解，我们将信息处理能力具体分为：信息搜索能力、信息整理能力、信息交流能力、信息分析能力和信息综合运用能力等5个能力要素。按照能力发展的客观规律，设计由简单到复杂的个人或团队工作任务，开展《信息处理能力》课程学习情境设计，具体内容如表6-1所示。

《信息处理能力》课程设计表　　表6-1

| | 学习情境描述 | 能力要素描述 |
|---|---|---|
| 信息处理能力 | 学院图书馆简介任务（个人任务：登陆学院图书馆，了解图书馆主要功能、作用及可查询的主要内容） | 信息检索能力（初级）能够使用Internet网站查询信息 |
| | 就业信息检索（个人任务：结合自身专业特点，寻找符合自身要求的就业信息） | 信息检索能力（初级）能够使用Internet主要搜索引擎搜索信息 |
| | 个人应聘简历制作任务（个人任务：结合自身专业特点，寻找一家适合企业，根据要求制作简历） | 信息整理能力（初级）及信息展示能力 |
| | 就业市场报告分析任务（团队任务：根据所提供的与本专业相关的就业市场情况，分析整体就业情况） | 信息整理和信息分析能力（中级） |
| | 班级春游计划任务（团队任务） | 信息搜索、整理和展示能力（中级） |

续上表

| | | |
|---|---|---|
| 信息处理能力 | 工作服定制任务(个人任务:根据需求寻找适合厂家,定制工作服) | 信息搜索、信息整理和分析能力(中级) |
| | 广州市创业市场分析任务(团队任务:结合专业特点,通过资料搜索、整理和分析,了解本专业相关领域——广州市创业市场发展情况和动态) | 信息检索、整理和分析及综合运用能力(高级) |
| | 专业文献综述报告任务(个人任务:选取与本专业相关的某个主题,通过文献检索、整理和分析,形成相关研究与实践的文献综述报告) | 信息检索、整理和分析及综合运用能力(高级) |

3. 具体的学习情境开发

以“就业市场报告分析任务”为例,我们研究制定了“就业市场报告分析任务”学习页,如表6-2所示。

**“就业市场报告分析任务”学习页** 表6-2

| 步骤 | 主题(任务) | 能力要点 | 了解的相关知识 |
|---|---|---|---|
| 设立目标 | 就业市场报告分析 | 1. 信息整理和分类<br>2. 信息分析 | 1. 专业主要面向岗位<br>2. 岗位能力要求 |
| 计划 | 1. 信息整理和分析要点讲解(1学时)<br>2. 团队任务实施与成果展示(1.5学时)<br>3. 回顾与总结(0.5学时) | | |
| 具体实施 | 1. 结合PPT,教学载体讲解信息整理和分析的要点<br>2. 主题任务导入(教学材料:提供与本专业相关的就业市场报告材料)<br>3. 学生分组对所提供的材料进行整理、分析,形成相关结论<br>4. 学生就有关分析结论进行介绍<br>5. 点评与反馈 | | |

## 第二节 融入职业关键能力要素的专业课程开发

### 一、《汽车运输企业经营管理实务》课程开发

我们选取了注重能力发展的公路运输与管理专业的专业核心课程《汽车运输企业经营管理实务》课程进行开发实践。

#### (一)课程定位

根据公路运输管理岗位职业能力分析,公路运输与管理专业构建以《汽车运输企业经营管理实务》、《道路运政管理实务》、《汽车客运站务作业》、《道路运输安全管理》、《道路运输组织技术》等专业核心课程为主体的课程体系。在公路运输与管理专业课程体系中,《汽车运输企业经营管理实务》课程的前续课程为《管理学基础》、《初级经济师考证》、《财务管

理》、《市场营销》、《汽车概论》、《交通工程》、《道路交通法规》、《运输统计实务》、《道路组织技术》等，后续课程为《道路运输安全管理》、《汽车客运站务管理》以及《汽车运输调度员考证》。

《汽车运输企业经营管理实务》课程定位是：通过该课程的学习，使学生在进行汽车运输企业经营管理过程中，既能运用汽车运输企业经营策略，具备运输企业市场调查分析能力、运输企业市场预测决策能力、运输企业市场营销策划能力，同时又具备汽车运输企业车辆运行组织、安全生产管理、服务质量管理以及财务管理等能力。

**（二）课程设计的理念与思路**

1. 设计理念

依托汽车运输企业的实际工作项目任务和职业能力需求，以汽车运输企业经营管理岗位职业能力和职业素质培养为主线，按照基于汽车运输企业经营管理的实际工作任务、工作过程和工作情境组织课程，构建以企业案例和项目导向为主体的课程架构，重点突出培养学生的职业关键能力。

2. 设计思路

（1）以汽车运输企业经营管理的实际工作任务为导向确定课程结构。课程内容与汽车运输企业经营管理实际工作任务相匹配，从职业岗位需求出发，通过对典型工作任务的归纳，按照由简单到复杂的认知规律，加入汽车运输企业的基础知识及企业文化模块，将课程分为 8 个学习情境。

（2）将关键能力培养内容融入学习情境。采取关键能力培养的渗透策略，围绕顺利完成汽车运输企业经营管理实际工作任务中所要求的各项问题发现与解决、团队协作、交流与表达等能力要素，将其融入具体的学习情境之中。

（3）以汽车运输企业经营管理的职业能力培养为依据组织课程内容。围绕汽车运输经营管理职业能力的形成组织课程内容，以工作项目任务为中心来整合相应的汽车运输企业经营管理的知识、技能和素质，实现理论与实践的统一。着重培养学生在复杂的汽车运输企业经营管理工作过程中做出判断并采取行动的综合职业能力，课程内容与我国道路运输业的最新发展相适应。

（4）课程实施立足校企合作。在课程内容确定的基础上，根据教学需要，结合学校实际教学条件，课程组对本课程所必需的教材及实训指导书进行开发，与企业共建，聘请一些企业一线管理人员来校兼任实训指导教师，并且紧贴岗位对人才的需求，配套进行了理论和校内外的实训实习基地建设；另外，公路运输与管理专业的“旺入淡出、工学交替”人才培养模式也为课程实施的质量提供了保障。

（5）课程考核借鉴企业标准。课程的考核借鉴了企业的考核方式，把企业评价转化为教学的考核项目，以学生为中心，采取笔、口试、现场操作、工作态度考核等方式，企业技术管理专家参与教学评价，考核学生的专业能力和关键能力，实施面向工作任务的教学质量评估。

通过以上课程设计，校企合作完成构建《汽车运输企业经营管理实务》课程的教学内容、教学方法、教学考核等教学文件的设计，从而完成《汽车运输企业经营管理实务》的课程设置。当然，随着我国道路运输业的发展，课程的学习情境和单元也会发生改变，但是以实际工作任务为导向的教学模式和“旺入淡出、工学交替”人才培养模式会相对固定，这充分体现了本课程的职业性、实践性和开放性。

3. 课程内容的选取思路

从《汽车运输企业经营管理实务》课程的培养目标出发，运用工作任务导向的课程开发方法，以汽车运输企业的主要部门岗位设置及工作项目为主线，通过分析汽车运输企业各主要工作岗位所必需的经营管理知识和技能以及个体在工作情境中所需和发展的关键能力要素，确定相应的学习情境和单元内容。如图6-1、表6-3所示。

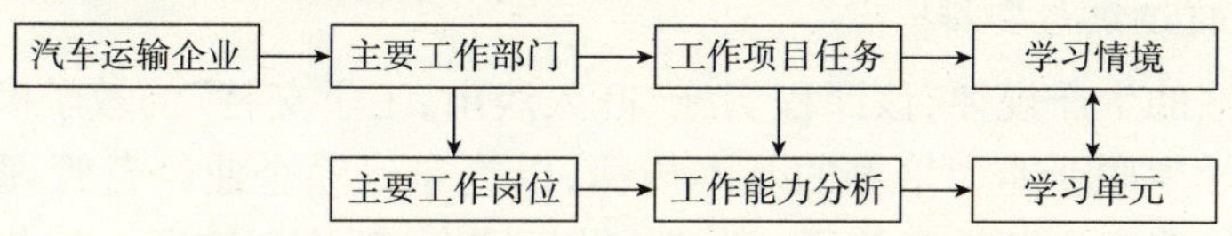


图6-1 《汽车运输企业经营管理实务》课程开发思路

《汽车运输企业经营管理实务》课程内容构建思路　　表6-3

| 工作部门（岗位） | 工作项目任务（学习情境） | 职业能力分析 | 学习单元 |
|---|---|---|---|
| 营运部（营运管理人员） | 汽车运输经营决策 | 运输企业环境分析能力；<br>运输企业市场调查能力；<br>运输企业市场预测能力；<br>运输企业经营策略分析能力；<br>运输企业市场营销策划能力 | 单元一　汽车运输市场供需调查；<br>单元二　汽车运输市场预测与决策；<br>单元三　汽车运输企业营销策略 |
| | 汽车运输服务质量管理 | 运输质量数据的收集与整理能力；<br>运输质量统计分析能力；<br>质量管理方法运用能力；<br>运输优质服务应用能力 | 单元一　运输产品质量及服务评价指标；<br>单元二　运输服务质量管理；<br>单元三　汽车运输企业常用质量管理方法；<br>单元四　汽车运输优质服务策略 |
| 客运站（车站服务员、售票员、检票员、站场管理员） | 汽车客运站务管理 | 客流组织能力；<br>正确售票与检票的能力；<br>站内优质服务与行包托运能力 | 单元一　汽车客运站务工作内容；<br>单元二　汽车客运站务作业程序 |
| 车队调度部（调度员） | 运输车辆运行组织 | 客车运行组织能力；<br>货车运行组织能力；<br>车辆运用指标分析能力；<br>营运车辆GPS监控能力 | 单元一　汽车客运运行组织；<br>单元二　汽车货运运行组织；<br>单元三　GPS系统在车辆运行组织中的应用 |
| 安全技术部（安全员、技术员、车管员） | 汽车运输安全生产管理 | 运输危险源的识别能力；<br>安全法律法规运用能力；<br>交通安全心理学的运用能力；<br>驾驶员安全行车的分析能力；<br>车辆与设备的安全操作能力；<br>道路运输安全监督管理能力 | 单元一　安全生产管理基础工作；<br>单元二　营运车辆驾驶员管理；<br>单元三　营运车辆技术管理；<br>单元四　政府对企业安全生产管理工作的考核 |
| 财务部（财务管理人员） | 汽车运输企业财务管理 | 运输企业筹资管理能力；<br>运输企业投资管理能力；<br>运输企业财务分析评价 | 单元一　汽车运输企业筹资管理；<br>单元二　汽车运输企业投资管理；<br>单元三　汽车运输企业财务评价指标体系 |

此外，考虑到学生学习的实际需要以及汽车运输企业的人才需求，该课程还加设了“汽车运输企业基础”以及“汽车运输企业文化与 CI 策略”两个学习情境，因此教学内容共包括 8 个学习情境。

根据由浅入深、由易到难的认知规律，以及汽车运输企业的业务运作流程，这 8 个学习情境依次安排为汽车运输企业基础、经营决策、汽车客运站务管理、汽车运输车辆运行组织、安全生产管理、服务质量管理、财务管理、企业文化与 CI 策略。

4. 课程内容的组织与安排

根据道路运输的生产规律，该课程实施“旺入淡出，工学交替”的教学模式。在内容组织与安排上要遵循学生职业能力培养的基本规律，以汽车运输企业经营管理真实的工作任务及工作过程为载体确定主题学习单元，教、学、做相结合，理论与实践一体化，合理设计实训、实习等教学环节，确保全方位锻炼和提高学生的职业能力和综合素质。课程内容模块顺序、学时、学习工作页如表 6-4、表 6-5 所示。

**《汽车运输企业经营管理实务》课程内容模块的构建** 表 6-4

| 学习情境 | 学习单元 | 学时 | 知识点 | 技能点 |
|---|---|---|---|---|
| 1. 汽车运输企业基础 | 汽车运输企业 | 2 | 运输企业系统、生产经营特点 | |
| | 汽车运输企业组织机构 | 2 | 机构建立原则、机构形式 | 绘制组织结构优化图 |
| | 汽车运输企业规章制度 | | 规章制度种类内容、汽车运输基本作业程序 | 规章制度制订和执行 |
| 2. 汽车运输企业经营决策 | 汽车运输市场供需调查 | 2 | 调查理论依据 | 调查方法 |
| | 汽车运输市场预测与决策 | 4 | 运输市场预测、决策模型 | 运输市场预测、运输市场经营决策 |
| | 汽车运输企业营销策略 | 2 | 产品、定价、渠道说明 | 产品、定价、组货渠道策略 |
| 实训项目（课内） | 运输市场调查 | 12 | 方式：网络及现场调查 | 要求：制作调查表格、完成调查报告 |
| 3. 汽车客运站务管理 | 汽车客运站务工作内容 | 2 | 客运站布局、功能、岗位职责 | |
| | 汽车客运站务作业程序 | 2 | 站务作业主要内容 | 售票、行包托运、候车室工作、接车工作程序 |
| 实训项目（课外） | 客运站务管理 | 30 | 方式：软件及设备操作模拟 | 要求：进行售票、计划、检票、打单、结算、安检、行包托运等作业程序操作 |

续上表

| 学习情境 | 学 习 单 元 | 学时 | 知 识 点 | 技 能 点 |
| --- | --- | --- | --- | --- |
| 4. 汽车运输企业车辆运行组织 | 汽车客运运行组织 | 4 | 客流、班线、班次说明 | 班车客运班期计划编制 |
| | 汽车货运运行组织 | 2 | 配送运输基本作业流程、零担运输、集装箱运输特点 | 零担和集装箱运输组织、货运流程 |
| | GPS系统在车辆运行组织中的应用 | 2 | GPS车辆调度系统结构及功能 | GPS在车辆调度系统中的应用 |
| 实训项目(课内) | 公交调度管理 | 12 | 方式:软件操作模拟 | 要求:进行驾驶员排班、路线、车辆管理、调度评估等操作 |
| 5. 汽车运输企业安全生产管理 | 安全生产管理基础工作 | 2 | 安全生产组织机构、人员配备 | 安全生产管理实务 |
| | 营运车辆驾驶员管理 | 2 | 驾驶员安全生产管理主要内容 | 驾驶员心理分析、交通事故剖析 |
| | 营运车辆技术管理 | 2 | 车辆技术管理内容 | 技术档案管理、等级评定管理 |
| | 政府对企业安全生产管理工作的考核 | 2 | 安全管理机构及人员配置、安全生产责任制、企业与承包经营者安全责任、 | 客运从业人员管理、客运车辆管理、企业风险防范与事故处理 |
| 6. 汽车运输企业服务质量管理 | 运输产品质量特性及评价指标 | 2 | 运输产品质量特性、评价指标 | 运输质量评价 |
| | 运输服务质量管理 | 2 | 客运服务"三优"、"三化"的基本要求、国家政策法规对服务质量的要求 | 货运服务质量各环节的管理、汽车运输企业全面质量管理 |
| | 汽车运输企业常用质量管理方法 | 2 | 调查表、对策表排列图、因果分析图的说明 | 运输质量数据的收集与整理、调查表和对策表的制定、排列图和因果分析图的绘制 |
| | 汽车运输优质服务策略 | 2 | 运输服务艺术 | 旅客心理分析与服务技巧、汽车客运服务品牌建设 |
| 7. 汽车运输企业财务管理 | 汽车运输企业筹资管理 | 2 | 企业筹资基本原则、渠道、方式 | 筹资决策方法 |
| | 汽车运输企业投资管理 | 2 | 投资作用、目的 | 投资效益评价 |
| | 汽车运输企业财务评价指标体系 | 2 | 运输企业利润总额说明、财务评价指标 | 运输企业利润总额计算、财务评价 |
| 8. 汽车运输企业文化与CI策略 | 汽车运输企业文化 | 2 | 企业文化说明 | 企业文化建设 |
| | 汽车运输企业CI策略 | | CI策略 | CI设计 |

续上表

<table>
<tr><th>学习情境</th><th>学 习 单 元</th><th>学时</th><th>知 识 点</th><th>技 能 点</th></tr>
<tr><td>实训项目（课外）</td><td>ERP 实训</td><td>30</td><td>方式：软件操作模拟</td><td>要求：进行销售业务、计划管理、生产业务、采购业务、仓库业务、财务管理等操作</td></tr>
<tr><td rowspan="3">实习项目</td><td>“春运”顶岗实习</td><td>140</td><td rowspan="3">方式：在校内及企业实践教师的指导下，学生按实习项目分为若干小组，每个小组按时间分配轮换实习项目，实习项目可根据校内教师的安排按具体情况灵活运用，根据实习单位的各自特点着重于不同方面的实习</td><td rowspan="3">内容：<br>1. 汽车运输企业（客运公司或物流公司）：运输企业经营、安全生产、车辆调度组织、运输服务质量、运输企业财务管理、运输统计等项目<br>2. 汽车客运站：<br>客（货）运调度、安全、票务、站场（候车室、停车场等），运行材料管理，行包管理等项目。</td></tr>
<tr><td>“五一”顶岗实习</td><td>20</td></tr>
<tr><td>“十一”顶岗实习</td><td>40</td></tr>
<tr><td rowspan="2">课内学时</td><td>实践教学（分析练习 + 课内实训）</td><td>18 + 24</td><td rowspan="2">课外学时</td><td rowspan="2">60 + 200（实训 + 实习）</td></tr>
<tr><td>理论教学</td><td>30</td></tr>
<tr><td></td><td>合计</td><td>72</td><td>合计</td><td>260</td></tr>
<tr><td>总学时</td><td colspan="4">332</td></tr>
</table>

**《汽车运输企业经营管理实务》课程学习工作页** 表 6-5

<table>
<tr><th colspan="6">学习工作页</th></tr>
<tr><td>班级</td><td></td><td>团队成员</td><td></td><td>编号</td><td></td></tr>
<tr><td>学时数</td><td>12</td><td>组长</td><td></td><td>日期</td><td></td></tr>
<tr><td>学习情境</td><td colspan="5">情境 2：汽车运输企业经营决策</td></tr>
<tr><td>学习单元</td><td colspan="5">运输市场调查</td></tr>
<tr><td>项目任务</td><td colspan="5">运输市场供需调查</td></tr>
<tr><td>项目目标</td><td colspan="5">1. 了解运输市场调查内容及方法；<br>2. 设计调查问卷；<br>3. 制作调查报告</td></tr>
<tr><td>工作方式</td><td colspan="5">一个班级分成若干个学习小组，每个小组为 4 ~ 6 人，选出学习组长、按照学习工作任务进行分工，共同完成本次工作；并在任务完成之后，形成任务简报，在班上共同交流展示</td></tr>
<tr><td>工作步骤</td><td colspan="5">整个学习工作内容如下：<br>1. 选择学习组长。组长要有较强的组织能力，要有为组员服务的精神，要有领导组员分工调研，编制的能力；<br>2. 通过查看课件，学习指南，相关学习资料等方式，初步了解本次学习任务的基本理论；<br>3. 登录教学网站下载工作页，协调组员完成本任务，并根据项目任务制订计划；<br>4. 实施项目计划，完成相应项目作业；<br>5. 用 PPT 简报方式总结项目完成过程及收获，并在教学班级展开交流和讨论</td></tr>
</table>

续上表

<table>
<tr><td>工作任务</td><td>工作任务 1　应知<br>通过阅读学习材料，PPT，电子书及相关网络资源，分别回答下列问题：<br>基本概念：<br>1. 什么是运输市场调查？<br>2. 运输供需调查的具体内容是什么？<br>3. 设计调查问卷的内容、技巧及方法？<br>4. 组织市场调查的方式、方法？<br>5. 运输市场数据统计及预测方法？<br>6. 调查报告包括什么内容？<br>工作任务 2　应会<br>通过阅读学习材料，PPT，电子书及相关网络资源，分别解决下列问题：<br>1. 如何设计调查问卷？<br>2. 如何组织市场调查？<br>3. 如何统计调查数据？<br>4. 如何制作调查报告？<br>工作任务 3　自我实践<br>1. 确定调研主题、调查范围，拟订调研提纲；<br>2. 设计调查表格或问卷，指导教师提出改进意见；<br>3. 确定小组成员内部分工，制定调查的组织方案；<br>4. 根据调查方案，进行实地调查，记录调查中存在的问题；<br>5. 统计分析调查所得资料，通过数据分析进行市场供需预测；<br>6. 撰写运输市场调查报告。<br>工作任务 4　经验分享<br>摘要总结工作任务 1 ~ 3 的问题和收获，制作运输市场供需调查报告，形成 5 分钟简报（PPT），在班上汇报交流</td></tr>
<tr><td>工作记录与心得</td><td></td></tr>
<tr><td>资料来源</td><td>1. 询问和你同小组的同学；<br>2. 询问其他小组的同学；<br>3. 查阅学习情境教材相关内容；<br>4. 登录“汽车运输企业经营管理实务精品课程网站”查找相关资料<br>5. 借助网络自行搜索其他资料</td></tr>
<tr><td>工作评价</td><td>评价体系分为过程评价和结果评价两部分。<br>过程评价：占 50%。<br><table>
<tr><td>项目</td><td>参与讨论 1</td><td>工作数量 2</td><td>工作质量 3</td><td>对外沟通 4</td><td>团队协作 5</td><td>合计</td><td>比重</td><td>分值</td></tr>
<tr><td>自我评分</td><td></td><td></td><td></td><td></td><td></td><td></td><td>30%</td><td></td></tr>
<tr><td>同学评分</td><td></td><td></td><td></td><td></td><td></td><td></td><td>30%</td><td></td></tr>
<tr><td>老师评分</td><td></td><td></td><td></td><td></td><td></td><td></td><td>40%</td><td></td></tr>
</table>
注：（1）、（2）、（3）、（4）、（5）每一项满分为 20 分</td></tr>
</table>

续上表

<table>
<tr><td>工作评价</td><td colspan="3">结果评价：占 50%<br>主要是老师对作业评价。
<table>
<tr><th>序号</th><th>评价内容</th><th>比重</th><th>分值</th></tr>
<tr><td>1</td><td>答案是否全面、合理</td><td>20%</td><td></td></tr>
<tr><td>2</td><td>分析是否全面、深入</td><td>20%</td><td></td></tr>
<tr><td>3</td><td>报告内容是否齐全、合理</td><td>20%</td><td></td></tr>
<tr><td>4</td><td>简报交流总结是否全面正确</td><td>25%</td><td></td></tr>
<tr><td>5</td><td>简报交流活动中是否能主动参与讨论</td><td>10%</td><td></td></tr>
</table>
课业总评价 = 过程评价 ×50% + 结果评价 ×50%</td></tr>
<tr><td>小组成员</td><td colspan="3">请在下面记录本次工作中小组分工情况（对于独立任务则均签一人姓名即可）：<br>学习组长（团队领导者，只有组长可以向老师提出“请求协助”申请）________<br>编辑员（问题答案和工作记录完成者）________<br>策划员（技术文档查询、问卷设计者）________<br>分析员（调查数据统计分析者）________<br>操作员（报告制作，PPT 制作）________</td></tr>
<tr><td>教师评语</td><td></td><td>教师签名</td><td></td></tr>
</table>

5. 网络教学资源的开发

（1）网络课程丰富的教学资源。包括多媒体课件、电子教案、实训指导书、案例库、技能测试题库、在线实训、站点推荐和参考资料等教学辅助资料。其中，通过校园网学生可进行的在线实训有 ERP 实训、客运站务管理、公交调度管理实训等。

（2）学校图书馆丰富的电子资源。主要有中国期刊全文数据库、维普中文科技期刊数据库、万方学位论文数据库、万方会议论文数据库、中国数字图书馆、超星数字图书馆、交通科技信息共享平台、银符模拟考试平台等，为课程教学提供了良好的网络教学资源。

（3）E－learning 平台。提供学员注册、岗位和课程设置、课件设计（含视频和 PPT，flash 等）、在线培训、在线提问、在线练习、在线考试以及认证评定功能，学生通过校园网即可进行在线学习和交流。

## 二、《物流运输管理实务》课程资源开发实例

### （一）教学内容的针对性与适用性分析

（1）职业岗位知识、能力、素质要求。依据物流运输企业对物流运输管理高技能人才的

要求，以及物流师国家职业资格标准对物流运输管理能力要求，构建针对本课程的能力、知识、素质要求，确定课程体系结构，如表 6-6 所示。

**物流运输管理岗位知识、能力、素质要求**　　表 6-6

| 工作岗位 | 工作任务 | 物流师职业资格标准能力要求 | 能力要求 | 知识要求 | 素质要求 |
|---|---|---|---|---|---|
| 运输专员 | 编制货物运输计划；<br>填制货物运输单证，办理货物运输手续；<br>办理货物交接手续；<br>监督承运人搬运、堆码和装卸货物全过程；<br>进行货物组配；<br>护运货物，并对途中损坏货物进行可行性修复；<br>查询分析运输事故，进行防范 | 助理物流师：<br>1. 能够运用科学方法正确选择运输路线和运输工具；<br>2. 能够组织货物的装卸搬运；<br>3. 能够提出运费报价；<br>4. 能够组织特殊货物运输；<br>物流师：<br>1. 能够制定运输计划；<br>2. 能够进行运输调度；<br>3. 能够确定合理的运输方式；<br>4. 能够根据运输计划正确选择承运人 | 1. 会正确签订公路货物运输合同，能科学合理地组织公路货物运输作业；<br>2. 会办理铁路货物运输托运业务，能完成铁路货物运输的货物接收和交付等作业；<br>3. 能够制定班轮合同并会填制海上货物运输的相关单据，能科学合理地组织海上货物运输的实际作业，能对海上货物运输管理进行风险防范；<br>4. 能正确办理航空货物运输客户托运的受理手续，会准确计算空运费用并科学合理地预定舱位，能根据标准流程进行航空货站相关作业；<br>5. 会填写多式联运单据，能科学合理地组织、管理多式联运业务 | 1. 认识物流运输组织流程，掌握公路、铁路、水路、航空等运输方式的基本知识；<br>2. 能够根据公路、铁路、水路、航空等运输方式的业务流程；<br>3. 知识进行业务办理、费用计算、线路选择等；<br>4. 能够根据公路、铁路、水路、航空等运输方式的安全、保险等知识进行运输风险的防范；<br>5. 能够使用联合运输的基本知识进行多式联运的组织，而且能进行职业延展和职业迁移 | 1. 具有良好的学习能力：利用现代信息技术获取运输信息、商务信息等；触类旁通，掌握新技术、新设备、新工艺的应用能力；<br>2. 具有良好的适应能力：即适应新环境能力、协调与沟通能力、团队合作能力，具有安全操作意识、环境品质管理意识；<br>3. 具有良好的创新思维和创新能力：即学习中能提出不同见解的能力；工作中能提出多种解决问题的思路、完成任务的方案和途径等方面的能力等 |
| 运输主管 | 组织、指导货物送达活动；<br>评价及选择运输线路和方式；<br>进行运输风险防范；<br>评价承运人工作质量、及时性和费用；<br>就有关事宜与货主、承运人、政府相关部门进行沟通 | | | | |

（2）根据物流运输管理完成实际工作任务的要求选取教学内容。通过对物流运输企业所涵盖的岗位的典型工作任务分析，以物流运输企业的基本作业程序为依据，以各种运输方式组织为项目实施载体，确定本课程的内容为 5 个学习情景，并确定每个情景学生的知识目标和能力目标，如表 6-7 所示。

《物流运输管理实务》课程目标　　表 6-7

| 学习情境 | 知识目标 | 能力目标 | 参考学时 |
|---|---|---|---|
| 情境一、公路货物运输组织 | 1. 掌握公路货物运输的概念、技术经济特点、类型及公路货物运输市场的概念与特征等；<br>2. 了解国内外公路货物运输的相关的法律法规；<br>3. 熟悉公路货物运输的业务流程，掌握公路货物运输的组织原则与基本方法；<br>4. 掌握零担货物运输的车辆调度方法；<br>5. 掌握公路货物运输的一般决策方法；<br>6. 熟悉公路货物运输保险方面的知识和风险防范的常规方法以及事故的一般处理；<br>7. 熟悉公路货物运输效率分析的一般指标；<br>8. 掌握道路货物运输成本核算的一般方法 | 1. 会进行道路货物运输市场调查，并撰写调查报告；<br>2. 会正确签订公路货物运输合同；<br>3. 会选择运输车辆；<br>4. 能选择、优化运输线路；<br>5. 会制订公路货物运输的车辆调度计划；<br>6. 能模拟进行公路货物零担运输的业务流程操作；<br>7. 会进行公路货物运输效率分析，并形成简要的分析报告；<br>8. 会进行公路货物运输的成本核算，并形成简要的分析报告 | 16 |
| 情境二、铁路货物运输组织 | 1. 掌握铁路货物运输的概念、特点及其类型；<br>2. 了解铁路货物运输相关法规；<br>3. 掌握铁路货物运输的基本程序和操作步骤；<br>4. 掌握铁路货物运输期限及运输费用的计算方法；<br>5. 了解铁路货运事故的处理程序 | 1. 会签订铁路货运合同——填写铁路货物运单；<br>2. 会计算铁路货物运输期限；<br>3. 会计算铁路货物运输费用；<br>4. 能办理货物保价运输和货物运输保险业务；<br>5. 能完成货物接收的各项作业；<br>6. 能正确进行货物的交付作业；<br>7. 能处理铁路货运事故 | 12 |
| 情境三、水路货物运输组织 | 1. 了解海上运输经营的运营方式；<br>2. 了解世界各地区的航线；<br>3. 熟悉有关海上货物运输的工具；<br>4. 掌握海上货物运输的业务流程；<br>5. 熟悉海上货物运输的相关单据；<br>6. 了解海上货物运输的相关法律法规；<br>7. 掌握远洋货物集装箱运输的特点和作用 | 1. 能进行海上货物运输实际作业；<br>2. 能联系远东地区的实际情况选择确定航线；<br>3. 能够制定班轮合同；<br>4. 会计算班轮运输的运费；<br>5. 能写制海上货物运输相关单据；<br>6. 能对海上货物运输进行风险防范 | 16 |
| 情境四、航空货物运输组织 | 1. 熟悉航空货运相关法律法规；<br>2. 掌握航空货物运输的基本流程和操作步骤；<br>3. 了解航空运单的知识与制作要点；<br>4. 掌握受理客户托运、计算空运费用、航空货站作业的相关知识；<br>5. 掌握航空货物运输的安全操作规程 | 1. 能正确办理客户托运的受理手续，督导客户完整无误地填写《货物空运委托书》；<br>2. 会准确计算计费重量与空运费用，完成货物入库作业；<br>3. 能根据客户要求与货物特点向航空公司预定舱位，并向客户确认航班相关信息；<br>4. 能根据标准流程进行航空货站相关作业，完成航空运单制作与交付 | 16 |
| 情境五、多式联运运输组织 | 1. 充分了解运输代理人业务特征；<br>2. 掌握多式联运业务程序；<br>3. 熟悉有关多式联运法规；<br>4. 掌握多式联运费用的核收办法 | 1. 能组织、管理多式联运业务；<br>2. 会填写多式联运单据；<br>3. 会核收多式联运费用；<br>4. 能办理国际货运保险 | 12 |
| 合计 | | | 72 |

(3)通过学习情境的设计为学生的可持续发展奠定基础。《物流运输管理实务》课程学习情境设计在考虑在有效地培养学生运输组织管理能力的同时,还为学生的可持续发展奠定了基础。在每一情境的知识目标和能力目标中融入运输主管的综合能力要求,并在物流运输管理校内外实训实习着重培养学生的职业操守、职业适应能力以及职业情商的养成,促进学生综合素质的提高以及岗位适应能力。

**(二)课程教学内容的组织与安排**

(1)按照学生能力培养规律组织安排教学内容。针对学生逻辑思维能力较差、社会活动能力较强、乐于动手的特点,按照学生职业能力培养的普遍规律,选用公路货物运输、铁路货物运输、水路货物运输、航空货物运输、多式联运5个工作任务来设计5个学习情境,根据物流运输组织业务均包含有业务受理→发运管理→货物交付→费用结算的工作流程,每个学习情境按照运输组织业务流程设计2~3个项目,共安排了12个项目来组织教学过程。

在课程组织和安排上,为克服学生的畏难情绪,加强学生的感性认识,在每个学习项目中,安排在物流管理省级实训基地运输实训室,采取一体化教学方式方法,让学生在职业情境中模拟托运方、代理人与承运方等不同角色进行业务受理→发运管理→货物交付→费用结算的操作训练,使学生从一开始就带着任务进入学习,通过项目训练来掌握"运输基本知识"、"运输费用计算、线路选择"、"安全、保险、运输商务"等必备知识。按照"学习→实践→再学习→再实践"的认知规律,学生第二学年分为3个学期(每学期4个月,其中1个学期为工作学期),学生轮流到广东省机械进出口仓储运输有限公司进行运输生产性顶岗实习,全面将理论知识的学习、能力的训练和职业素质的养成融合于工作任务的完成过程中,教学内容的组织见图6-2。

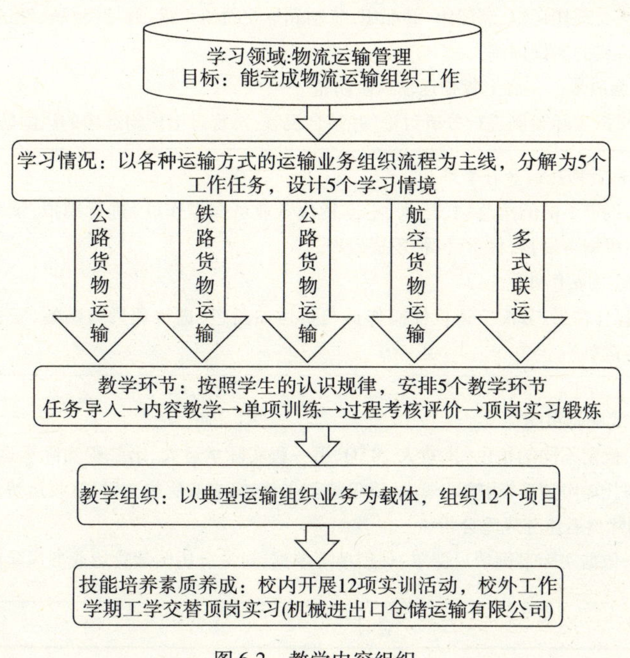


图6-2　教学内容组织

(2)教学活动的组织以设计学习性工作任务为主,教学做一体化,如表6-8所示。

**《物流运输管理实务》学习项目设计** 表6-8

| 学习情境 | 学习项目(活动设计) | 参考学时 |
| --- | --- | --- |
| 情境一、公路货物运输组织 | 项目1:社会实践——公路货运市场调查<br>组织学生进行实地调查:将学生分成若干小组,每小组就一个给定的任务以正确的方法进行调查,最终完成一个调查报告。<br>项目2:角色扮演——运输合同签订<br>设计情境,设定不同的角色(货主方、承运人方、一般的公众方),将学生分成若干小组,每个小组由不同的人进行角色扮演,完成托运单的填写、合同洽谈直至最终签订的全过程。<br>项目3:公路零担货运业务流程操作模拟<br>将学生分成若干小组,每个小组由不同的人进行角色扮演(分别扮演公司运输主管、调度员、司机、押运人、拣货员、货主、收货人等等),分别就不同的货物完成货物运输的各个环节(收货、调度、运送、交接等)操作 | 16 |
| 情境二、铁路货物运输组织 | 项目1:角色扮演——铁路货物托运业务办理<br>设计情境,准备相应单据,设定不同的角色(托运人、货运代理人)进行模拟,分别填写运单对应项下的内容,计算货物运输期限和运输费用,并签字或盖章。<br>项目2:社会实践——铁路货运站调查<br>学生分组,到铁路货运站进行实地调查,了解铁路货物运输业务流程上各项作业环节包含的工作内容和具体要求,并按要求完成调查报告 | 12 |
| 情境三、水路货物运输组织 | 项目1:网上调研<br>要求学生根据海上货物运输的任务,通过浏览各个货运企业的网站,选定适合的航线及运费并制作报告。<br>项目2:角色扮演—海上货物运输业务办理<br>把学生分为受理托运组、装船组、卸船组、货物到达交付组4组,通过模拟软件,进行海上货物运输作业流程的实操训练。<br>项目3:头脑风暴——海上货物运输风险防范<br>要求学生根据实际案例进行分析讨论,并结合视频,再现海上货物运输的风险防范 | 16 |
| 情境四、航空货物运输组织 | 项目1:空运货物托运业务受理<br>设计情境,设定不同的角色(托运人、空运货代营业员与操作员)进行模拟,填写空运货物委托书,审核单据与货物,称重计费,理货入库。<br>项目2:航空货站作业<br>设计模拟操作情景,分配空运货代操作员与货运站角色,进行理货与贴签、安检与过磅操作,制作航空运单 | 16 |
| 情境五、多式联运运输组织 | 项目1:多式联运组织<br>设计情境,设定不同的角色(发货人、MTO、第一程实际承运人、第二程实际承运人)进行模拟,分别填写托运申请单、运输计划、运输单证等文档,完成最后的交付,核收运费。<br>项目2:国际货运业务风险分析<br>设置案例,依据实际案例填写保单、理赔单等单据,讨论分析国际货运业务风险成因与预防 | 12 |
| 合计 | | 72 |

(3)培养学生职业能力为重点合理设计实训教学环节,如表6-9所示。

《物流运输管理实务》实训教学安排　　表6-9

| 序号 | 实训项目 | 训练地点 | 分组情况 | 训练方式 | 学时 | 备注 |
|---|---|---|---|---|---|---|
| 1 | 公路货运基本知识 | 公路货运站场 | 5人一组 | 市场调研、分组汇报 | 2 | 课外8学时 |
| 2 | 公路货运业务受理 | 省级物流管理实训基地运输管理实训室 | 3人一组 | 角色扮演 | 4 | |
| 3 | 公路零担货物运输作业及运费计算 | 省级物流管理实训基地运输管理实训室 | 11人一组 | 角色扮演、实景训练 | 4 | |
| 4 | 铁路货物托运业务办理及运费计算 | 省级物流管理实训基地运输管理实训室 | 4人一组 | 角色扮演、实景训练 | 4 | |
| 5 | 铁路货运站调查 | 铁路货运站场 | 5人一组 | 市场调研、分组汇报 | 2 | 课外8学时 |
| 6 | 海上货物运输商务调研 | 省级物流管理实训基地软件模拟实训室 | 5人一组 | 网上调研 | 4 | |
| 7 | 海上货物运输业务办理 | 省级物流管理实训基地软件模拟实训室 | 5人一组 | 角色扮演、软件模拟 | 4 | |
| 8 | 海上货物运输风险防范 | 省级物流管理实训基地商务模拟实训室 | 5人一组 | 视频案例分析 | 4 | |
| 9 | 空运货物托运业务受理及运费计算 | 省级物流管理实训基地运输管理实训室 | 2人一组 | 角色扮演、实景训练 | 4 | |
| 10 | 航空货站作业训练 | 省级物流管理实训基地包装实训室 | 7人一组 | 角色扮演、实景训练 | 6 | |
| 11 | 多式联运组织业务训练 | 省级物流管理实训基地运输管理实训室 | 4人一组 | 角色扮演、实景训练 | 4 | |
| 12 | 国际货运业务风险分析 | 省级物流管理实训基地商务模拟实训室 | 7分组 | 视频案例分析 | 4 | |
| 13 | 运输业务顶岗实习 | 广东机械进出口集团仓储运输有限公司黄埔基地、海珠基地 | 不分组 | 顶岗锻炼 | | 工作学期4个月 |
| 合计 | | | | | 46 | |

**（三）课程教学资源建设**

1. 教材的选用与建设

（1）重组、自编教材。在与企业合作开发课程模块和实训项目的基础上，课程组对来自企业的资源进行提炼加工，并按教学规律进行重组。自编有《运输管理实务》教材。

（2）配套实训材料。开发校本教材《运输管理实务实训指导书》、《物流运输管理实训指导书》、辅导教材《运输管理习题集》等，在加深学生对运输管理的理解，培养学生运输运营管理技能方面发挥了积极的作用。

2. 为学生自主学习建立了多种媒体构成的立体化教学载体

（1）开发立体化教学资源包。《物流运输管理实务》课程受高等教育出版社委托开发有立体化教学资源包，并在高等教育出版社立体化课程网站（http://4a. hep. com. cn）开放，供读者在线学习。

（2）建立内部网络课程学习网站。《物流运输管理实务》课程在学校内部建立有网络课程学习网站，包括《物流运输管理实务案例集》、《物流运输管理实务习题库》、《物流运输管理实务试题库》、《物流运输管理实务实训指导书》、物流运输管理实务多媒体课件、相关参考书目、物流运输管理实务网络课程、在线测试、在线交流等教学辅助资料，为学生的自主学习开列并提供了丰富的资料。

（3）鼓励学生使用图书馆及互联网资源获取更多知识。利用开放的现代化管理的图书馆，通过校园网与教育科研网连接，为学生提供网上学习资源信息服务。学生有效利用学校自建的馆藏书目数据库，选购的《银狐考试模拟题库》、《超星视频名师讲坛》、《超秀电子图书》、《公元集成教学图片数据库》及各种全文电子期刊数据，为学生提供丰富的电子资源。

## 第三节　以能力综合提升为主的课程开发

以软件技术专业综合实训项目“大学新生报到系统”项目开发为例。软件专业积极推行“任务驱动、项目导向”的教学模式，根据综合职业能力发展的特点，改变原有针对单一核心课程进行项目实训的做法，将一个软件项目融入多门课程的教学，并通过 1 ~ 2 周小型的综合项目实训，通过学生独立或者团队协作完成相应的设计项目，促进学生综合职业能力的发展。如表 6-10 所示。

**软件技术专业综合实训项目一览表**　　表 6-10

| 学　期 | 综合训练项目 | 组合的综合职业能力要素 |
|---|---|---|
| 第 2 学期 | 面向过程程序设计 | C 语言程序设计、数据结构信息处理能力问题解决能力自我学习能力 |
| 第 3 学期 | 面向对象的 C/S 模式程序设计 | 软件分析与设计、C#程序设计、SQLServer 数据库　信息处理能力　团队协作能力 |
| 第 4 学期 | 面向对象的 B/S 模式程序设计 | Asp. net 动态网页设计、网页设计、软件测试　信息处理能力问题解决能力团队协作能力 |

如图 6-3 所示，在第 3 学期，学生将进行“面向对象的 C/S 模式程序设计”综合项目实训，具体项目为“大学新生报到系统”。在该学期的“软件工程概论”课程中教师带领同学们对该项目进行软件分析与设计，在“SQLServer 数据库”课程中同学们学习对该项目进行数据库设计与实现，在“C#程序设计”课程中同学们学习对该项目进行功能模块的设计与实现。同学们以小组方式进行学习和实践，在期末的项目实训周集中实现，并提交技术文档。

通过各综合项目实训，将一个软件项目贯穿于多门课程的教学中，打破了课程之间的界

限，学生有较充裕的时间探讨项目，灵活综合地运用所学课程的知识，大大提高了项目实现的质量。

综合项目实训的工作和执行流程

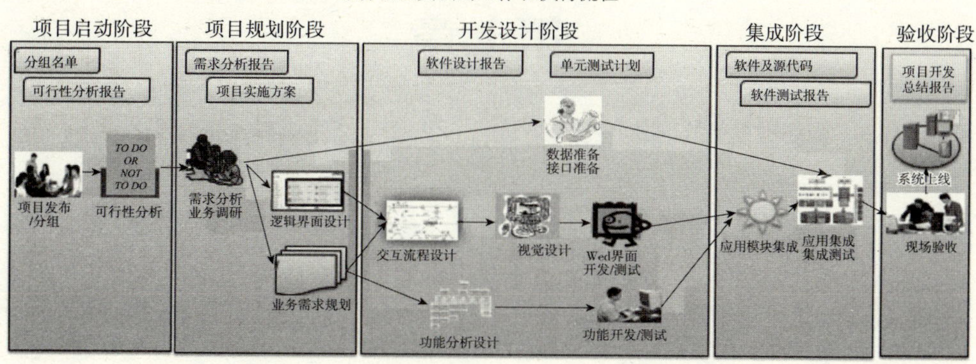


图6-3　“大学新生报到系统”综合实训项目设计

## 本章小结　多元课程资源开发是实现关键能力提升的关键

按照综合职业能力课程体系的总体要求，结合具体专业特点，分别开发专业能力、关键能力和综合职业能力发展三种类别的课程资源。

职业关键能力专项课程资源开发要在能力要素分解的基础上，实现课程内容与能力要素的有效对接，同时要结合具体的学习情境与未来工作情境，完整呈现情境中关键能力的要素及在情境中的作用。

还要专业课程资源开发中融入关键能力要素，要合理选取课程内容，使专业能力教学内容与关键能力教学内容有机结合，结合工作任务或工作情境，按照能力培养规律科学组织教学内容，尤其是要注重在实训教学环节加入关键能力要素，在教、学、做一体化中实现专业能力与关键能力的双重提升。还应当注重在专业教材资源开发、立体化教学载体资源中注入关键能力要素。

以能力综合提升为主的课程开发应当注重项目驱动教学方法的应用，要具体的项目实践中实现将专业能力实训与关键能力培养有机结合起来，在项目的设计、运作、总结的全过程中融入专业能力与关键能力要素，尤其是注重在专业能力培养的环节加入关键能力要素，在项目运作中培养学生的关键能力意识，从而在真实的工作情境中实现专业能力与关键能力提升。

# 第七章

# 提升职业关键能力的教学设计

## 第一节　提升关键能力培养的教学目标设计与实践

教学目标作为教学中师生预期达到的学习结果，在方向上对教学活动设计起到重要的指导作用，并为教学评价提供依据。按照教学活动的需要，课程教学目标可从课程教学总目标依次分为单元目标、课时目标等不同的系列。基于学生关键能力培养的教学设计，首先应在课程教学总体目标设计上体现对学生关键能力发展的有关要求，并将学生交流表达能力、团队合作能力、自我学习能力、问题解决能力、信息处理能力、追踪和掌握新技术的能力等关键能力的内容细化为单元目标、课时目标等一系列的教学目标，并贯穿于整个教学活动之中。

根据关键能力的隐性特点，以教学内容、方法与手段为载体拓展其教学的能力目标，把专业技能与关键能力教学目标有机的结合在一起，其相应的关键能力作为每一单元授课的教学目标明确体现在教学文件中，使专业技能的教学目标与关键能力的教学目标既相互联系又各成体系，形成包括知识教学目标、专业技能教学目标、关键能力教学目标在内的完整的教学体系。

我们选择了物流管理专业的《管理学基础》课程开展了课程教学设计与实践，具体操作如下：

1. 提升关键能力培养的课程教学目标设计与实践

以专业人才培养目标作为课程关键能力教学目标设计的基准。物流管理专业人才培养目标确定为：

(1)具有物流系统规划，物流方案制订、物流项目管理的能力。

(2)在掌握现代企业组织架构的基础上，结合物流供应链的发展趋势，具有发展创新物流企业组织架构的能力，以及正确处理企业内部各要素关系的能力。

(3)具有激励和领导员工实现组织目标的能力。物流管理人员在工作过程中，需要时时组织内部各部门、员工之间进行有效沟通，及时了解员工需求，并设计科学合理的激励机制，以实现组织目标。

(4)具备不断变通和创新管理理论与管理手段的能力。物流是一个不断推陈出新的行业。因此，物流管理人员必须具备跟踪管理理论与实践发展方向，探求和更新知识的自学能力与自我发展能力。

(5)具有对物流各主要环节进行控制以确保这个物流过程正常运作的能力。物流过程涉及的环节多、领域多、企业多,经常会发生一些非程序的突发事件,因此要求物流管理人员必须具备较强的控制能力,以保证组织目标顺利实现。

(6)具有正确理解、分析管理问题,并能灵活运用各种管理手段与方法开展物流管理活动,解决物流管理问题的能力。

因而,《管理学基础》课程的关键能力培养目标确定为:

(1)交流表达能力。了解交流目的与交流对象,选择适当的交流方式与形式,能够连贯简要清晰地表达,在必要的情况下对交流的内容、方式进行修正。

(2)与人合作能力。确定团队的目标,区分个体角色和责任的不同,并达成一致性,在既定时间内完成个人应该承担的职责,对团队的工作做出应有的贡献,评价活动的过程和结果。如同情心、团队精神、交际能力、协调能力、处理人际关系能力、社会行为,集体合作能力等。

(3)自我学习能力。包括独立确定学习任务,制订学习计划,选择合理的学习方法,学会自我考核学习效果的能力。

(4)问题解决能力。问题的提出与阐明和期望结果、建立适合问题的策略与方法,应用这些策略和方法,对问题的解决过程和结果进行评价等。

(5)信息处理能力。确定收集信息的目的,查找和组织信息,评价信息及其来源,评价获取信息的方法。

(6)追踪和掌握新技术的能力。获取新知识和技术的能力,适应新环境的能力,掌握新技术、新设备、新系统的能力等。

在课程教学实践中,我们主要采用通过案例分析、情景模拟、讨论互动、撰写报告等参与式、互动式、体验式的教学方式,通过渗透策略把专业技能与关键能力培养有机融合起来。

2. 关键能力培养的课程教学组织形式设计与实践

根据课程特点与教学目标要求,在教学内容取舍上,以基本理论必需、够用为原则,采用精讲、自学、团队合作学习相结合的教学组织形式。

教学内容相对简单的部分,向学生提供学习指导手册、习题集、案例集等学习资源安排学生自学,学生独立完成自学学习提纲,通过小论文、课后网上作业和小测验等方式检验和评价学生学习效果,以此培养学生的自学能力以及收集、处理信息的能力。

对教学内容中重点难点的部分,采用精讲、团队合作学习相结合的教学组织形式。

根据课程主题单元数量以及学生数量,按照自愿、互补原则将学生分为5~7人的小组,以6人小组为例,每组设置如下角色,如表7-1所示。团队中间的角色较为适宜采用轮换的方式,使得每个成员的各种能力均得以有效的发展。

在团队合作学习形式中,我们主要采用主题单元来组织课程内容。首先,主题单元最好是一个完整的任务,而各主题单元联合起来又形成了一个更大的学习任务。其次,主题单元的难度要适中,难度过低会导致成员中"搭顺风车",难度过高会让成员无法开展合作学习。再次,主题单元要具有一定的开放性和前瞻性,不能局限于教材和现行职业工作的具体工作任务,利于学生发散性思维和创新思维的培养,利于学生在学习过程中获得成就感。通过团队合作学习培养学生交流表达能力、与人合作的能力、问题解决的能力、信息处理能力、追踪和掌握新技术的能力等关键能力。

团队成员的角色分配 表7-1

| 角色 | 职责 |
| --- | --- |
| 研究者—竞争者 | 获取小组必须的材料，并向其他组员和教师传达有关信息 |
| 记录员 | 记录小组的决定和编辑小组报告 |
| 鼓励者 | 确保所以成员参与合作，为小组作出贡献 |
| 总结发言人 | 重申小组的主要结论和答案 |
| 理解检查员 | 保证全体小组成员能清晰地说明怎样得出主要结论和答案，有权要求其他组员解释团队答案的推理过程和基本原理 |
| 准确性教练 | 纠正其他组员在解释和总结中的任何错误 |
| 观察员 | 追踪小组如何合作 |

3. 关键能力培养的课程教学手段与方法、教学环境设计与实践

在《管理学基础》课程教学中，我们根据课程特点、教学目标要求和学生的实际情况，综合运用多种的教学方法和教学手段，突出重点，突破难点，从多角度启发学生的思维，培养学生的专业技能与关键能力。

(1)课程教学方法以学生为中心

实现由以教师为中心转向为以学生为中心，充分调动学生的积极性，科学设计教学方法。以学生自主学习、探究学习为教学设计的目标，从以教师教为主转变为以学生学为主；从以学生听为主转变为学生以练为主。教师的教学角色定位是学习活动管理者和指导者。教师帮助学生发现自己的学习需求、提出学习需求、计划学习活动和进度、获取学习资源、评估学习效果。以此培养学生的自学能力以及收集、处理信息的能力。

(2)采用参与式、互动式、体验式、获取式等的现代教学方式方法

《管理学基础》课程教学中要综合运用案例教学法、角色扮演法、情景剧、模拟经营决策、专题研讨、自我评估、调查与访问、顶岗实习等多种教学方式，在团队合作学习形式中，通过这些参与式、互动式、体验式、获取式的教学方式，调动了学生的学习积极性，有效培养学生交流表达能力、与人合作的能力、问题解决的能力、信息处理能力、追踪和掌握新技术的能力等关键能力。

①案例分析。案例教学要渗透管理学教学的全过程，它是教学中实现理论联系实际的重要教学形式，是实现教学效果的重要教学手段。管理学课程所选的案例，应当具有典型性，可供学生讨论。案例分析时，既可以由学生独立进行案例剖析，再通过书面形式形成分析报告；也可以采取团队合作学习的形式，通过查问资料、分组讨论，然后在课堂上进行讨论，并通过学生辩论的形式进行集中学习。当然，教师的指导也是非常重要的，但是指导的重点应当放在引导学生寻找正确思维方式上，而不用教师视角影响学生的独立思辨。教师对案例的分析总结，应当科学合理，不要轻易下结论，对学生的分析要进行归纳和升华。

②专题研讨。这是当前应用较为广泛的一种专题学习方法，也是符合管理学课程特点的一种教学方法，一般是针对课程中的一个特定问题，将学生分成若干个学习小组，通过资料收集，让学生进行充分的学习和发言准备，然后通过聚焦讨论，相互启发，形成相同或不同的讨论思路，并形成学习的文字材料。

③角色扮演。是结合课程内容，选取特定情境，一般是管理中经常遇到的特定管理问

题，由学生分担不同的角色，在模拟的或真实的情境中，设身处地地分析与解决真实工作环境中可能面临的问题。学生从所扮演角色的角度出发，运用所学知识，自主分析与决策，以提高学生分析解决问题的技能。

④情景剧。情景剧是以剧本为依托，结合学习情境或模拟工作情境，通过编写脚本，结合角色扮演，由学生承担角色，在工作情境中解决管理问题。其最大的特点是在于真实再现剧本中的矛盾和冲突。剧本演出分为两部分：一是所要解决的管理关系与矛盾的展示，即情景的表演；二是由角色扮演者现场处理所要解决的问题。演出结束后，全班同学进行评议，分析各扮演者处理是否得当，并提出更好的建议。可以分组进行，也可以全班集中组织。这种方法可提供更有价值的仿真环境，并且使学生对不断变化与发展的管理问题进行动态的分析与决策，对于训练学生的管理意识与实际管理技能具有重要的作用。

⑤组建模拟公司实训。在管理学的教学过程中，结合课程的教学内容及进程，通过组建模拟公司，通过假题真做的形式，系统模拟一家公司从组建到营运的全过程：制定企业规范与计划、建立组织机构、组织实施专题活动、控制与总结、组织文化建设等阶段，模拟企业的一个管理循环，使学生对实际管理过程有更深的体验。

⑥调查与访问。结合教学内容，将理论知识在现实社会中进行验证，具体操作上将学生分小组组织学生深入社会，对企事业单位进行调查。有条件时，直接访问企业家，了解企业运营中的管理问题。

⑦岗位见习。结合学校的实践教学基地，有计划的安排学生到共建企业的生产现场担任助理，在真实的生产或管理岗位了解管理的基本过程，在管理者的直接指导下亲自体验并处理管理工作。

⑧自我评估。课程内容结束后，由学生进行与本单元内容相关的自我测试或评估。自我评估（心理测试）是针对所学内容列出几条选择项，供学生自我评估检测。目的是增强学生的动手能力、活跃课堂气氛，激发学生的学习兴趣。实践证明，这种形式很受学生欢迎。

⑨管理游戏。分小组进行，游戏围绕着对技能的学习和使用而展开，它帮助参与者思考、反应、操作，更重要的是会有很多启迪，通过一个完整的游戏过程，让他们在非正式的、非紧迫的情景下学会技巧与思考。

⑩校园体验。通过所学的管理知识，结合学生自己的生活实际，把发生在身边的现象用管理知识参加以分析与解决。

⑪案例撰写。分小组进行，学生利用假期和业余时间，深入企业调研，撰写企业的专题案例或综合性案例。

⑫网络资源。现代教学应充分利用互联网，对管理专业学生而言，这是一种特殊的接触实际的窗口。根据教学进度需要，引导学生登陆有关网站，了解现实企业状况，搜集最新信息，学习最新管理知识，思考与分析现实管理问题。

（3）提供立体化教学资源

教师及时向学生推荐扩充性学习材料（包括相关学术论文、理论前沿跟踪、企业经营管理实例、各类的相关参考书籍等），包括纸质、声音、电子、网络等多种媒体的立体化教学资源并指导学生阅读学习，从而拓宽了学生的知识面，为学生的自主学习和团队合作学习创造了良好条件。

## 第二节 团队合作学习

团队合作学习是按照某种原则和方法，将学生分成一定数量的学习团队，通过对团队成员角色和学习任务的确定，使团队具有共同的学习目标和共享的价值观念，逐步形成团队荣誉感和归属感，共同进行学习、完成学习任务。该方法鼓励学生通过团队合作自主协作的完成学习任务，能够较好地激发学生的学习积极性和学习兴趣，提高学生问题发现和解决、团队沟通与协作等方面的职业能力。我们选取了交通运输管理教学班作为试点班级，开展了团队合作教学组织形式的改革活动。

### 一、团队合作教学组织形式的构建

以公路运输与管理专业的《汽车运输企业经营管理实务》为例，按照自由组合原则，考虑异质和男女搭配等因素，将42名学生分为7个团队，并将每个团队成员的角色进行了进一步的分配，主要包括总结发言人、资料收集员、理解检查员、记录员、鼓励者和观察员，角色名称、功能描述及侧重发展的职业能力内容如表7-2所示。在确定分组和团队主要角色后，我们将每一个主题学习任务转化为团队学习任务，鼓励团队内角色定期轮换，使团队中每个成员都均有机会承担不同的角色，从而使得其各种不同的职业能力均得以有效的发展。

**团队学习法主要角色及角色功能描述** 表7-2

| 角色名称 | 角色功能描述 | 侧重发展的职业能力内容 | 人 数 |
|---|---|---|---|
| 总结发言人 | 代表团队对外陈述结论和答案 | 语言表达能力 | 1 |
| 理解检查员 | 确保团队成员对合作学习的内容有充分的了解，确保成员对形成一致结论和了解论证过程及原理 | 与人合作能力 | 1 |
| 记录员 | 记录小组的讨论内容、结论和撰写团队学习报告 | 自我学习能力 | 1 |
| 鼓励者 | 团队领导者激励团队成员精诚合作确保团队所有成员为团队作出贡献 | 团队协作能力<br>问题解决能力 | 1 |
| 观察员 | 追踪团队合作学习的过程、问题与经验需形成独立的观察报告 | 问题发现能力 | 1 |
| 资料员 | 查询与获取团队合作学习所需资料 | 信息获取能力 | 1 |

### 二、团队合作教学的具体实施—主题任务学习

主题任务学习强调在真实的问题情境中，通过启发式和行动导向教学法，激发学生的学习兴趣，让学生在真实的任务情境中，通过学生自我与客观世界的对话沟通，从而形成对客观世界的理解与认识，达到对自我的理解与认同的自我建构过程。这种学习方式有利于学生问题处理能力、团队协作能力以及自我学习能力等方面能力的发展。在《汽车运输经营企业经营管理实务》课程的教学中，通过借鉴以杜普斯为代表的学者发展起来教学设计模式，将主题任务（项目）驱动的教学过程分为问题情境的设置与分析、陈述性知识的阐述和运用、

问题的具体处理以及一般化和建立普遍性联系四个阶段，并以汽车运输公司竞标工作的案例作为具体的任务，开展该课程计划单元的教学活动，详见表 7-3。

**《汽车运输公司经营管理实务》运输项目竞标活动任务教学设计示意图**　　表 7-3

| 教学过程 | 学习目标 | 教学方式 | 形成职业能力 |
|---|---|---|---|
| 问题情境和设置 | 能对竞标项目的特点、要求和可行性进行说明；<br>对市场宣传重要性和流程的认识 | 教学人员向学生提供相关数据和 2～3 个例子；<br>团队或班级讨论目标，设计完成一个问题的清单 | 情境分析；<br>发现潜在的问题；<br>问题分析；<br>讨论 |
| 陈述性知识的阐述和运用 | 能从实施效果方面对所属虚拟公司运输项目实施的优势和措施进行评价 | 教学指导书；<br>班级教学 | 认知能力 |
| 问题的具体处理 | 能制定一份完整的运输项目竞标书 | 团队工作（每个团队代表一个竞标单位）。根据理论指导，各个团队自己制定一份竞标书，在此过程中，应注意团队的个体行为和团队行为 | 制定和实施工作计划；<br>团队协作；<br>自我意识与团队意识；<br>承受工作；<br>环境压力 |
| 一般化和建立普遍联系 | 向班级提交竞标书并进行竞标演讲 | 各个团队发言人课堂演讲，然后在班级讨论 | 表达能力；<br>说服别人的能力；<br>评价与自我评价；<br>归纳 |

其中：

在问题情境的设置与分析阶段，主要通过案例分析、项目讲解、模拟训练以及对情境描述或模拟的方式，激发学生的学习动机。此外，还引导学生收集一些同类企业竞标运输项目的标书及相关材料，通过材料收集和深入阅读材料，让学生探讨交通运输企业发展战略等方面的问题。在此过程中，学生对广告策划和竞标逐步有了感性的认识，了解了市场宣传的重要性和基本流程，让学生在参与运输项目计划的问题情境之中逐步形成感知和分析问题的能力。

在陈述性知识的阐述和运用阶段，让学生对物业竞标管理的意义、目标、可能采取的方法和主要效果等进行分析，从而逐步实现从理论到实践的知识运用过程。在具体的实施策略可以是传统的课堂教学模式、自我控制的学习策略，也可以采取运用小组活动中的社会交往等方式。

在问题的具体处理阶段，通过组建虚拟的广告策划公司，通过收集资料，并形成各自所代表公司的竞标计划书。在这一阶段，学生的学习活动始终处于一种主动积极的创造过程之中，他们通过网络、图书馆、参观访问等形式收集了大量的资料，并分工合作完成了各自的竞标计划书。

在最后一个阶段，在课堂上组织模拟竞标会，邀请 3 名教师和一名企业策划人员，与讲授该课程的教师组成临时的委托方代表，各个团队均以竞标公司的形式发表了自己的竞标演讲，并回答委托方代表提出的有关提问和要求。最后，由教师和特邀人员宣布中标公司，并对各个团队的竞标书进行分析和评价。

通过主题任务学习和团队学习方法的结合，学生的学习任务更更加明确，学习目标更加具体、可操作，学生在学习过程中参与度更高，学习热情更加浓厚，他们在团队学习中，对团队的认同感不断增强，对自己所承担的角色认知更加清晰，对个人与团队的关系有了更加深入的认识，逐步实现自我的身份认同和自身的意义建构，学习的主动性、方向性得以强化，学习效果明显提升。

## 第三节　项目式教学

项目(主题)驱动的学习是在真实的问题情境中，通过真题真做、假题真做的方式，灵活运用启发式和以学生行动为导向的教学法，激发学生的学习兴趣，让学生在真实的任务情境了解工作流程、职业规范，从而逐步形成关键职业能力。

### 一、项目(主题)驱动的教学与学习策略

在具体的教学环节设计上，可以分为主题(任务)情境的设置与分析、陈述性知识的阐述和运用、问题的具体处理以及一般化和建立普遍性联系四个阶段：

(1)问题情境的设置与分析阶段。通过案例、项目、模拟训练以及对情境描述或模拟的方式激发学生的动机，形成感知和分析问题的能力。抛锚式教学的问题呈现一种基于问题导向的教学策略，可以有效激发学生的学习热情。可以看到，这些教学环节设计中，侧重了学生的独立思考能力、分析判断与决策能力等三级能力要素的培养。

(2)陈述性知识的阐述和运用阶段。陈述性知识是职业能力养成的基础，也是解决问题的关键。按照传统的课堂教学模式、自我控制的学习策略，以认知发展的规律对知识进行重构，采取传统的也可以采取运用小组活动中的社会交往等方式，让学生在知识陈述中掌握新的知识和能力。在这些方式的运用过程中，贯穿了学生的自我学习能力、获取与利用信息的能力、学习掌握新技术的能力、团队协作能力、交流与协商能力等三级能力要素的训练。

(3)问题的具体处理阶段。问题情境是学生发展关键的重条件，在问题情境中，学生的学习活动始终处于一种主动的创造过程之中，学生通过知识重构、意义建构、问题分析和决策，逐步形成的其自身的价值观、职业观、责任感以体现个性特征的能力观。

(4)建立普遍性联系。将学生个体或学习团队的知识和意义建构在更大范围内呈现，通过对话、评价与自我评价等方式形成更为共性的知识，建立起普遍的联系。这一阶段，侧重对于学习个体的参与团队协作能力、交流与协商能力、心理承受能力、批评与自我批评能力、诚信与职业道德等三级能力要素的培养。

可以看出，在项目(主体)驱动的教学环节实施过程中，学生在掌握了必需的专业知识和实践技能，即获得专业能力的同时，也得到了方法能力和社会能力的训练和培养。

### 二、“教学做一体化”的教学组织形式

“教学做一体化”的教学形式一般是将教学场所直接设在实训室，师生双方边教边学边做，理论和实践交替进行，直观和抽象交错出现，理中有实，实中有理，突出学生动手能力和专业技能的培养，充分调动和激发学生学习兴趣的一种教学方法。学生真正变成了学习的主人，而老师只是一个引导者或答疑解惑者，可以培养学生的终生学习能力，同时对加强学

生的动手操作能力训练和培养解决实际问题的能力均有明显效果。课题组在汽车检测与维修专业的教育教学实践中，以《汽车发动机电控系统诊断与检修》课程为试点，实施了“教学做一体化”教学组织形式改革。如表 7-4 所示。

**“汽油发动机无法启动”故障诊断学习情境及一体化教学实施过程表**　　表 7-4

<table>
<tr><td>课程名称</td><td>发动机电控系统检修</td><td>学时</td><td>4</td><td>序号</td><td>16</td></tr>
<tr><td>授课班级</td><td></td><td>日期</td><td></td><td>任课教师</td><td></td></tr>
<tr><td>学习单元</td><td colspan="5">汽油发动机无法启动故障诊断</td></tr>
<tr><td>学习目标</td><td colspan="5">1. 能通过与客户交流、查阅相关维修技术资料等方式获取车辆检修信息；<br>2. 能够根据故障现象分析发动机不能起动的主要原因；<br>3. 能正确选择并熟练使用万用表及各种发动机故障检测仪；<br>4. 能根据故障症状制定正确的检修计划；<br>5. 能够通过仪器检测和数据分析，确定故障区域和部位；<br>6. 熟练排除发动机不能起动的故障</td></tr>
<tr><td>学习要求</td><td colspan="5">1. 掌握发动机起动不良的故障原因；<br>2. 正确识读发动机管理系统的控制电路图；<br>3. 掌握发动机起动不良的故障分析与排除方法；<br>4. 制定正确的诊断流程</td></tr>
<tr><td>任务载体</td><td colspan="5">故障案例：某一款车型的汽油发动机无法启动故障（包括有故障码故障和无故障码故障）<br>车型：奇瑞 A31. 6MT 进取型轿车<br>故障点设置：转速传感器故障、汽油泵故障<br>症状：发动机不能起动</td></tr>
<tr><td>软硬件资料</td><td colspan="5">学习手册、教学课件、教学视频、维修资料、设备手册、任务工单、测试题；<br>奇瑞 A31. 6MT 进取型轿车、博世专用诊断仪 KTS540/570、博世 FSA740、万用表、探针、景格汽车故障诊断仿真软件、维修手册、电路图等</td></tr>
<tr><td>教学实施过程</td><td colspan="5"><table>
<tr><td>步骤</td><td>教师任务</td><td>学生任务</td><td>时间</td></tr>
<tr><td>资讯</td><td>1. 给学生展示故障车辆，并明确工作任务；<br>2. 将车辆维修资料、维修工单、任务工单分发给学生；<br>3. 采用 PPT 课件讲解发动机起动不良的故障原因、诊断分析及操作要点；<br>4. 接受学生关于车辆信息的咨询。</td><td>1. 接受教师提出的工作任务，聆听教师关于发动机起动不良内容的讲解；<br>2. 通过咨询客户（教师扮演）和使用车辆信息系统填写维修工单内容；<br>3. 通过查阅维修资料、仿真教学软件、学生手册以及视频资料等，填写任务工单咨询部分内容</td><td>40min</td></tr>
<tr><td>计划</td><td>1. 审核学生制定的工作计划；<br>2. 对工作计划提出修改意见；<br>3. 接受学生咨询并监控学生的讨论</td><td>1. 以小组讨论的方式，制定故障排除和检测的工作计划；<br>2. 将制定的工作计划与教师讨论并定稿</td><td>20min</td></tr>
<tr><td>决策</td><td>1. 为学生提供检测设备，并提示安全注意事项；<br>2. 为学生分配故障车辆；<br>3. 接受学生咨询，监控学生讨论</td><td>1. 选择合适的故障诊断仪、万用表及常用和专用工具；<br>2. 分成 4 组，每组 10 人左右，制定人员分工</td><td>10min</td></tr>
</table></td></tr>
</table>

续上表

<table>
<tr><td rowspan="4">教学实施过程</td><td>步骤</td><td>教师任务</td><td>学生任务</td><td>时间</td></tr>
<tr><td>实施</td><td>1. 监控学生的操作并及时纠正错误；<br>2. 回答学生提出的问题；<br>3. 对学生的检测结果进行检查</td><td>1. 用故障诊断仪读取故障码和数据流；<br>2. 用万用表对发动机元件和线路进行检查；<br>3. 用常用和专用工具拆装、更换零部件；<br>4. 在任务工单中记录相关数据</td><td>110min</td></tr>
<tr><td>检查</td><td>1. 监控学生的操作并及时纠正错误；<br>2. 回答学生提出的问题</td><td>1. 起动发动机，检查发动机不能起动故障是否排除；<br>2. 检查发动机各工况性能</td><td>10min</td></tr>
<tr><td>评估</td><td>1. 对各小组工作进行综合评估；<br>2. 提出改进意见和注意事项</td><td>1. 以小组讨论方式进行工作评估；<br>2. 根据教师提出的意见修改工作计划</td><td>10min</td></tr>
<tr><td>任务完成过程</td><td colspan="4">1. 咨询客户，填写接车问诊表<br>与客户交流，咨询车辆信息，有针对性地进行询问，了解故障症状及故障出现的全过程，填写接车问诊表。<br>2. 试车，观察故障现象，确认故障<br>起动发动机，发动机不能起动。再次起动，并延长起动时间，仍不能起动。起动过程中，起动机运转正常，发动机没有任何着火迹象。仪表盘发动机故障指示灯点亮。<br>3. 故障原因及故障区域分析<br>从该车的故障症状分析，造成其不能起动的可能原因为：点火系故障、燃油供给系统故障、发动机控制系统故障。<br>4. 故障诊断过程<br>根据先简单后复杂、故障码优先的诊断原则，首先读取故障代码。<br>（1）操作 KTS540/570 诊断仪，读取故障码。仪器显示出现 1 个故障代码：P0322—发动机转速输入电路无信号。<br>（2）利用万用表检查发动机转速传感器，确定故障点。检测传感器电阻值。用万用表测量 3 脚连接器元件端子 2 和 3 之间的阻值。20℃时，正常值为 860Ω ± 10%，检测值为∞。说明发动机转速传感器损坏。<br>（3）拆检并更换新的转速传感器<br>（4）读码、清码，再读码。仪器显示：没有故障代码。<br>（5）起动试车。发动机仍不能起动。<br>更换转速传感器后，发动机仍不能起动，需继续检查点火系和供油系。<br>（6）检查点火系。拆检火花塞，火花塞正常；火花塞试火，火花正常。<br>故障不在点火系，应继续检查供油系。<br>（7）检查供油系。拆下进油管，起动发动机，油管不出油。说明供油系统不供油，应检查汽油泵及其控制线路。<br>（8）检查油泵。油泵连接继电器的两针脚，之间的电压约 12V，正常。测量油泵电阻，正常值为 1.5Ω 左右，检测值为∞，说明汽油泵电机损坏。<br>（9）更换汽油泵。<br>（10）试车，确认故障排除。<br>起动发动机，发动机顺利起动；反复起动试车，发动机均能正常起动着车；踩下加速踏板，改变发动机工况，发动机运转正常。<br>（11）操作 KTS540/570 诊断仪，读码、清码、再读码，仪器显示无故障，且仪表盘故障指示灯熄灭。<br>（12）路试验证。行驶车辆，使发动机有负荷运行。在车辆行驶过程中，多次进行熄火——起动测试，并使车辆在不同工况行驶，发动机均能正常工作，故障完全排除。</td></tr>
</table>

资料来源：基于工作过程的发动机故障诊断学习情境设计[J]. 广东交通职业技术学院学报，2011(12)

# 第四节　走向学习共同体

## 一、教学目标和教学内容的改革

### 1. 明确发展学生关键能力的目标

教学目标作为教学中师生预期达到的学习结果和标准，它在方向上对教学活动设计起指导作用，并为教学评价提供依据。

以物流管理专业教学目标设计为例。为了突出发展学生的关键能力，我们首先在教学目标上明确将学生关键能力发展的目标作为其重要组成部分，与学生的专业技能目标统合为职业能力发展目标。并将学生问题处理、自我学习、团队协作等关键能力的内容细化为一系列的教学目标，贯穿在教育教学活动之中。如表 7-5 所示。

**突出发展学生关键能力的示意图**　　表 7-5

<table>
<tr><th rowspan="3">专业</th><th rowspan="3">专业职业目标</th><th colspan="3">职业能力发展目标</th><th colspan="2" rowspan="2">行动目标(专业任务要求)</th><th colspan="2" rowspan="2">学习目标(专业课程要求)</th></tr>
<tr><th colspan="2">专门技术能力</th><th>关键能力</th></tr>
<tr><th>专门技术</th><th>专门技术能力目标</th><th>问题解决、与人合作、自我学习、信息处理的能力</th><th>任务名称</th><th>任务要求</th><th>知识</th><th>整合课程</th></tr>
<tr><td>物流管理专业</td><td>基层经营管理型人才</td><td>物流信息技术</td><td>1. 使用物流信息系统；<br>2. 应用条码技术</td><td>1. 发现问题、分析问题的能力；<br>2. 掌握新技术、新系统的能力；<br>3. 按任务要求，运用所学知识提出工作方案、完成工作任务的能力；<br>4. 团队合作的能力；<br>5. 协调能力；<br>6. 安全意识；<br>7. 提出多种解决问题的思路的能力</td><td>物流信息系统使用条码制作与检测</td><td>1. 阅读、理解要求，分析物流信息系统构成；<br>2. 制作条码；<br>3. 检测条码；<br>4. 管理条码系列</td><td>1. 管理信息基础；<br>2. 信息技术管理；<br>3. 计算机网络基础；<br>4. 条码技术基础；<br>5. 条码制作实务</td><td>1. 管理信息系统；<br>2. 物流信息技术；<br>3. 条码技术应用</td></tr>
</table>

### 2. 改组课程内容

《管理学概论》课程是一门综合性、理论性较强的课程，其中相当部分的理论知识对更为擅长形象思维的高职学生而言，很容易在纷繁芜杂的各种理论流派的学习中丧失学习的兴趣。为了有效提高学生的学习兴趣，促进学生关键能力的发展。我们主要采取了两种方式对《管理学概论》的课程内容进行了调整和优化，其一对理论知识以“够用为度”为原则，简化众多的管理学流派的思想，只保留其中最为基础和重要的部分，如科学管理理论只简要介绍了泰勒的主要思想，行为科学理论只介绍人际关系理论和马斯洛的需要层次理论等。其二是增加和强化涉及工作和生活中具体应用的内容，选用具体的案例分析、参观学习、真实的任务(项目)活动，如在计划单元选用 2005 年白沙集团新包装的案例，再移植真实的任务情境，以团队形式成立虚拟的广告策划公司，组织竞标活动。通过简化理论知识，增强实用性，有效的提高学生的学习兴趣，也有利于学生在学习过程中发展其问题处理、团队协作等方面的关键能力。

## 二、教学组织形式和教学方法的改革

### 1. 团队学习

在物流管理专业的《管理学概论》教学中，我们首先以一次开放性的测试对学生的认知、情感和动作技能的发展水平进行了评价，按照异质分组原则，将不同发展程度的49名学生较为均匀的分成了10个团队。在分组的基础上，以自愿原则为主较为固定的确定了每个学生在该团队中的角色，并明确的描述了每个角色在团队学习中的主要职责（见表7-6）。

**《管理学概论》课程教学中团队成员的角色及主要职责** 表7-6

| 角　　色 | 主 要 职 责 |
|---|---|
| 研究者—竞争者 | 获取小组必须的材料，并向其他组员和教师传达有关信息 |
| 记录员 | 记录小组的决定和编辑小组报告 |
| 总结发言人 | 重申小组的主要结论和答案 |
| 理解检查员 | 保证全体小组成员能清晰地说明怎样得出主要结论和答案，有权要求其他组员解释团队答案的推理过程和基本原理 |
| 观察员 | 追踪小组如何合作 |

通过组织小型的学习团队，确定每个组员在团队中的角色和职责，学生在学习的过程中更富有学习的热情和兴趣，采取更为积极主动的形式参与到学习和团队活动中去，他们在团队学习的过程中，不断发展了对自己团队和所承担的角色的认同，真正地把自己作为团队中不可或缺的组成部分，逐渐实现了身份的认同和意义的构建。我们发现，该班学生逐渐在其他课程的学习以及校园生活中，也较为固定的以较为固定的团队形式，开展一些团队协作的学习和活动。

### 2. 主题（项目）驱动学习

主题（项目）驱动的学习强调采取真实性的问题情境，灵活运用启发式和以学生行动为导向的教学法，激发学生的学习兴趣，让学生在真实的任务情境与客观世界对话，与他人对话，与自己对话，从而完成对客观世界、对他人、对自我的意义建构。主题（项目）驱动的学习方式有利于学生问题处理、团队协作以及自我学习等方面关键能力的发展。在《管理学概论》课程的教学中，我们借鉴了以杜普斯为代表的学者发展起来的一种促进学生关键能力的教学设计，将主题（项目）驱动的教学过程分为问题情境的设置与分析、陈述性知识的阐述和运用、问题的具体处理以及一般化和建立普遍性联系四个阶段，并以白沙集团香烟外壳宣传策划的案例作为具体的任务，开展该课程计划单元的教学活动（表7-7）。

**基于学生关键能力培养的《管理学概论》计划单元教学设计　　表 7-7**

| 教学过程 | 学习目标 | 教学方式 | 形成关键能力 |
| --- | --- | --- | --- |
| 问题情境和设置 | 能对烟草类企业的发展环境进行说明；<br>对市场宣传重要性和流程的认识 | 教学人员向学生提供相关数据和2～3个例子；<br>团队或班级讨论目标，设计完成一个问题的清单 | 情境分析；<br>发现潜在的问题；<br>问题分析；<br>讨论 |
| 陈述性知识的阐述和运用 | 能从实施效果方面对白沙集团更换香烟外壳举措的目标和措施进行评价 | 教学指导书；<br>班级教学 | 认知能力 |
| 问题的具体处理 | 能制定一份完整的白沙香烟外壳宣传竞标书 | 团队工作（每个团队代表一个竞标单位）。根据理论指导，各个团队自己制定一份竞标书，在此过程中，应注意团队的个体行为和团队行为 | 制定和实施工作计划；<br>团队协作；<br>自我意识与团队意识；<br>承受工作环境压力 |
| 一般化和建立普遍联系 | 向班级提交竞标书并进行竞标演讲 | 各个团队发言人课堂演讲，然后在班级讨论 | 表达能力；<br>说服别人的能力；<br>评价与自我评价；<br>归纳 |

在问题情境的设置与分析阶段，主要可以采取案例、项目、模拟训练以及对情境描述或模拟的方式激发学生的动机，我们有目的的让学生收集一些我国烟草行业，尤其是白沙集团的一些资料信息，从而了解我国烟草行业的发展环境，并探讨作为一个烟草企业如何发展壮大的策略问题。同时，也要求学生对广告策划和竞标有一些感性的认识，了解市场宣传的重要性和流程，让学生进入一个参与烟草行业市场宣传的问题情境之中注重形成感知和分析问题的能力。

在陈述性知识的阐述和运用阶段，主要对白沙集团香烟外壳更换的目的等。采取的策略可以是传统的课堂教学模式、自我控制的学习策略，也可以采取运用小组活动中的社会交往等方式。在问题的具体处理阶段，让学生以团队为基本单元成立虚拟的广告策划公司，各方面的收集有关的案例和材料，并形成各自所代表公司的竞标计划书。在这一阶段，学生的学习活动始终处于一种主动积极的创造过程之中，他们通过网络、图书馆、参观访问等形式收集了大量的资料，并分工合作完成了各自的竞标计划书。

在最后一个阶段，我们在课堂上组织了模拟的竞标会，邀请 3 名教师和一名企业策划人员，与讲授该课程的教师组成临时的委托方代表，各个团队均以竞标公司的形式发表了自己的竞标演讲，并回答委托方代表提出的有关提问和要求。最后，由教师和特邀人员宣布中标公司，并对各个团队的竞标书进行分析和评价。

## 三、评价方式的改革——能力发展水平考核

关键能力是一种有别于具体专业知识之外的方法和社会能力，定量化的评价指标显然

无法系统的对其发展状况做出评价，为了有效地对学生关键能力的发展状况做出评价，我们采用了描述性的评价指标，以能力的发展水平作为主要的考核方式，对学生的关键能力发展状况进行评价。表 7-8 和表 7-9 分别是对学生信息处理能力和问题处理、组织活动能力的发展水平考核标准。

**学生信息处理能力发展水平的评价标准** 表 7-8

| 水平一 | 水平二 | 水平三 |
|---|---|---|
| 1. 按照教师的指导去收集、分析和组织信息；<br>2. 按照教师的指导从特定信息资源中查询相关信息；<br>3. 从信息组织到预先已经定下的结构中；<br>4. 核对信息的精确性和完整性 | 1. 明确收集、分析和组织信息的目的；<br>2. 从各种信息资源中查询信息；<br>3. 从大量不同的用于分析和组织信息的结构中选择自己需要的方案；<br>4. 评估信息的相关性、精确性和完整性 | 1. 自己制定收集、分析和组织信息的目的；<br>2. 制定从各种信息资源查询信息资料的方案，并加以实施；<br>3. 设计用以分析和组织所查信息的方案以及结构；<br>4. 评价信息的质量和有效性 |

**学生问题处理、组织活动能力发展水平的评价标准** 表 7-9

| 水平一 | 水平二 | 水平三 |
|---|---|---|
| 1. 根据教师的指导，确定活动的预期目标；<br>2. 执行活动的各个步骤；<br>3. 按照给定的标准检验活动过程；<br>4. 按照给定的标准检验活动结果 | 1. 通过各种途径达到预定的目标；<br>2. 设计活动步骤并确定活动的有限步骤；<br>3. 根据预先标准评价活动过程；<br>4. 根据预定标准评价活动结果 | 1. 确定自身目标并运用不同的方法达到预定目标；<br>2. 设计活动步骤并考虑外部因素对活动有限的步骤的影响；<br>3. 确定自身标准并应用于评价活动的过程；<br>4. 确定自身标准并应用于评价活动结果 |

在该评价标准体系中，以描述性指标内容清晰的表示了学生相关能力从较低的水平层次(水平一)向较高水平层次的发展过程(水平三)，注重学生能力形成的过程性评价，把评价作为一个鼓励学生不断发展自我，提高能力水平的工具，而不是总结性的结果评价。

### 四、课程教学模式的改革实践——《物流运输管理实务》课程为例

1. 教学模式的设计与创新

《物流运输管理实务》课程以公路货物运输组织、铁路货物运输组织、水路货物运输组织、航空货物运输组织、多式联运组织等 5 项工作任务，设计了 5 个学习情境。然而，各工作任务学习情境中涉及的运输组织的方式、单证、计费方式都不同，涉及的知识内容散而多。为取得良好的教学效果，遵循“以学生为主体；以实践教学为主线；以任务引导为核心”的原则进行教学设计。

在每个工作任务的学习情境中，以“任务导入→内容教学→单项训练→过程考核评价→生产性顶岗实习”5 个环节组织教学；在不同的教学环节中，采取“任务驱动实景训练”现场教学法、“角色扮演”案例教学法、“顶岗锻炼”实境训练法等 3 种主要教学方法实施教学；开展多形式的全程评价，实训操作评价、报告表达评价和生产评价等 3 种考核方式进行过程考

核评价,形成了"工作任务驱动,项目教学引领,理论实践结合,过程评价考核,能力逐步提升"的任务驱动教学模式(图7-1)。

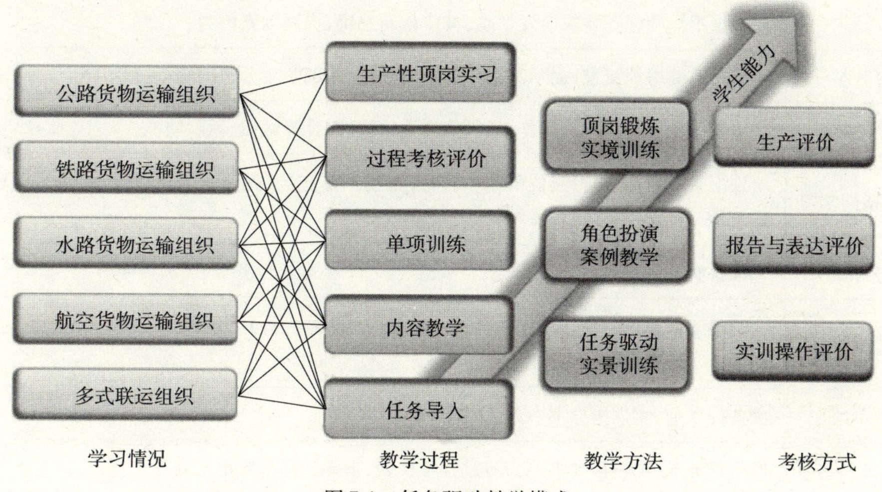


图7-1　任务驱动教学模式

《物流运输管理实务》课程任务驱动教学模式中,校内教学环节的实施过程主要是:第二学年分为3个学期(每学期4个月,其中1个学期为工作学期),学生轮流到广东省机械进出口仓储运输有限公司进行运输生产性顶岗实习。校内外教学环节设计见表7-10。全面将理论知识的学习、能力的训练和职业素质的养成融合于工作任务的完成过程中。培养职业能力和职业素养。

**《物流运输管理实务》教学环节设计**　　表7-10

| 项目类型 | | 教学设计 |
|---|---|---|
| 教学组织形式 | 任务导入 | 省级物流实训基地:学生分组→明确目标、任务、内容→查阅相关资料(流程、规则等)→分组讨论→汇总问题 |
| | 内容教学 | 省级物流实训基地:引出问题(分组讨论汇总)→理论讲解→学生讨论→小结评价 |
| | 单项训练 | 省级物流实训基地:学生分组→明确目标、任务、内容→分组训练→完成训练任务→自我评价→过程评价→总结 |
| | 生产性顶岗实习 | 广东省机械进出口集团仓储运输有限公司(黄埔、海珠基地):明确生产实习任务→岗前培训→操作技能培养、素养养成→现场指导→企业指导教师过程评价→顶岗实习成果展示 |
| 学生参与方式 | 任务导入 | 省级物流实训基地"学习信息资源库"查找相关资料→分析比较任务→思考提问、讨论、分析→培养自主学习能力 |
| | 内容教学 | 任务导入时遇到的问题学习→知识内容学习→知识的应用→练习 |
| | 单项训练 | 认识目标任务→了解工作流程、规则、相关资讯→按教师指导实训→分析结果、完成实训报告→培养观察分析能力、团结协作能力 |
| | 生产性顶岗实习 | 认识实习任务→熟悉实习岗位要求、操作方法、安全等→学着做→独立做→巩固学习→总结方法和技能要领→培养安全和品质意识、团结协作能力 |

续上表

| 项目类型 | | 教学设计 |
|---|---|---|
| 教师指导方式 | 任务导入 | 根据不同的任务要求启发学生，开发创新思维，提高创新能力。 |
| | 内容教学 | 演示运输组织流程，提示流程中的重点难点，帮助学生分析问题，进行小结 |
| | 单项训练 | 帮助学生分析特殊的操作、指导选择运输线路、计算运费、风险防范 |
| | 生产性顶岗实习 | 顶岗实习动员，进行岗位培训和教育，现场操作指导，保障学生操作安全，进行过程评价，进行总结 |
| 教学准备 | 任务导入 | 准备实训基地各实训项目“学习信息资源库”→准备任务卡、实训指导书 |
| | 内容教学 | 教学活动设计→更新多媒体课件及教学辅助资料→针对不同的课程内容创设相应的教学活动环境 |
| | 单项训练 | 准备任务卡、实训指导书→单证、里程表等 |
| | 生产性顶岗实习 | 准备任务卡、实习指导书→实习过程考核表、指导教师指导记录表等 |
| 意见反馈 | | 通过学生座谈会、问卷调查、督导组意见、顶岗实习企业对学生进行访谈、校外实习指导教师座谈、行业企业专家咨询等多种途径收集意见 |

2. 多种教学方法的运用

根据《物流运输管理实务》课程的教学特点，积极推行“任务驱动”的现场教学法、角色扮演、案例教学法、顶岗实境训练教学法等教学方法。

(1)“任务驱动”、现场教学。针对学生刚开始接触运输业务流程、无所适从的特点，结合课程的性质、任务，在教学中采用“任务驱动”、现场教学。在每一学习情境中首先安排了“任务导入”活动环节，如对铁路运输流程认识，铁路货运单证的格式要求，运输计算等进行介绍，通过“学生分组→明确目标、任务、内容→查找资料→分组训练→完成训练任务→自我评价→过程评价→总结”完成工作任务。具体如图 7-2 所示。

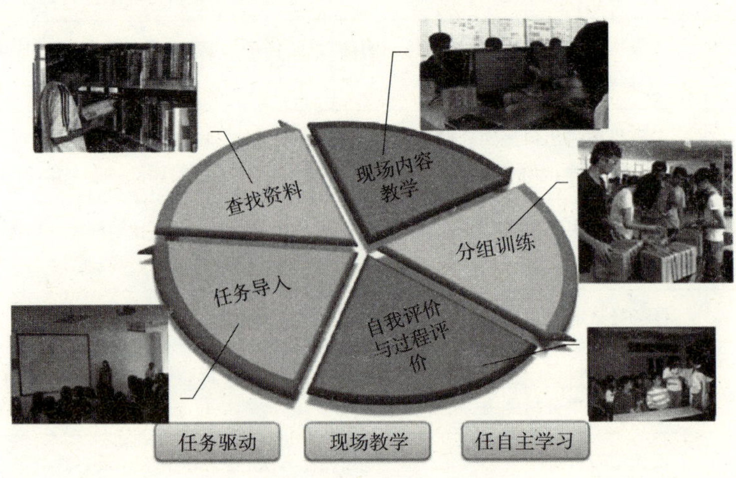


图 7-2 “任务驱动”、现场教学法

学生进行分组,随着学习情境的渐近开展逐一完成项目的任务,当学习情境结束之际,各小组也就完成了运输组织的一轮完整的训练。为了保障任务能够很好地被落实,教学实施即工作任务实施完整有序,具体包括教师布置工作任务、各小组认识目标任务→分组讨论、思考、提问→了解工作流程、规则、相关资讯→按教师指导实训→分析结果、完成实训报告→自我评价→过程评价→教师总结点评。

(2)角色扮演、案例教学。在管理类课程的教学中,案例教学法是非常有效的一种方法,因为管理科学的特殊性让我们难以给学生一个真实的场景让学习去亲身体验,而精辟的案例就会重现当时的情境、遇到的问题和采取的行动。如:运输风险的防范的教学,在学生开始训练前,教师通过大量的案例对学生进行指导,让学生一方面掌握运输企业如何在运输过程中避免货损、货差及如何防范运输风险,另一方面也让学生从失败的案例中吸取相应的教训。这样的指导会让学生印象深刻、可借鉴性强。具体如图 7-3 所示。

图 7-3　角色扮演案例教学法

本课程彻底改变传统教学中以教师为中心、以知识为本位、以讲授为途径、以考试为终点的局限,实施以学生为中心、以能力为本位、以探究为途径、以自我评价和过程评价为结果的教学理念。设定近似于运输管理现实的场景,并让学生在这一场景中承当一定的角色,如承运人、运输代理、货主等,因为角色而接受实际行为训练,如在公路运输合同的签订中,教师设计情境,设定不同的角色(货主方、承运人方、一般的公众方),将学生分成若干小组,每个小组由不同的人进行角色扮演,完成托运单的填写、合同洽谈直至最终签订的全过程。学生明确自己在模拟企业中的角色,通过亲身实践运输企业经营管理的全过程去主动验证所学理论、积极探究没有学习的知识,培养所需各种能力,收到非常好的教学效果。

(3)顶岗实境训练。为了给学生创设全真的学习环境,本课程设计有在企业实境教学的方法,由企业兼职教师和校内指导教师负责完成,让学生在完全真实的企业环境中项岗训练。校内教学学习与参加社会上的顶岗工作相互交替,有机结合。物流管理专业的工作学期在第二学年(第二学年的学习划分为3个学期,其中1个学期为顶岗实习学期,每批学生实习周期为4个月,实现每批实习学生之间的无缝对接),学生以“职业人”的身份主动参加校外顶岗训练,以达到培养学生职业素养、职业道德,及早适应企业文化。具体安排见表7-11。

物流管理专业工学交替教学进程表 表7-11

| 第一学年 | 学校学期(校内一体化教学) | 寒假 | 学校学期(校内一体化教学) | 暑假 |
|---|---|---|---|---|
| 第二学年 | 2个学校学期(校内一体化教学)+1个生产顶岗实习学期 | | | |
| 第三学年 | 学校学期 | 毕业顶岗实习、管理改善方案论文学期 | | 暑假 |

3. 现代教学技术手段的应用

该课程在课堂教学中十分注意运用现代的教学理念与教学方法,当然这些理念和方法的运用离不开现代教学技术手段的支持。这些现代教学技术手段的运用不仅促进了教学活动的开展,激发了学生的学习兴趣,同时也提高了教学效果。

(1)媒体技术手段的运用。多媒体技术集声、像、字画、动态显示为一体,图文并茂,形象生动,本课程通过多媒体课件、各种运输组织流程及案例Flash动画、运输管理音像视频资料的展示,让学生更加容易理解接受,提高了教学效果。

(2)远程教育技术手段的运用。在高等教育出版社立体化课程网站开放,供全国读者在线学习使用。在学校内部建立有网络课程学习网站,包括《物流运输管理实务案例库》、《物流运输管理实务习题库》、《物流运输管理实务试题库》、《物流运输管理实务实训指导书》、物流运输管理实务多媒体课件、相关参考书目、物流运输管理实务网络课程、在线测试、在线交流等教学辅助资料,为学生的自主学习开列并提供了丰富有效的资料。

(3)网络实训。《物流运输管理实务》课程配套有“运输管理”、“国际货代”、“集装箱码头操作”、“企业经营管理”等模拟实训软件,借助这些软件搭建的虚拟运输企业的运作,学生在任何一台装有浏览器的计算机上均可完成模拟实训任务。

(4)在线互动。在网络课程中,除了上述的丰富资源,本身网络课程也提供许多实用的交互性小工具,可以随时搜索,可以随时提问,答疑,允许作业自动批改,班级成员互相交流等。

## 本章小结　在学习共同体中实现学生关键能力提升

基于学生关键能力培养的教学设计首先应在课程教学总体目标设计上体现对学生关键能力发展的有关要求,并将学生交流表达能力、与人合作的能力、自我学习的能力、问题解决的能力、信息处理能力、追踪和掌握新技术的能力等关键能力的内容细化为单元目标、课时目标等一系列的教学目标,并贯穿于整个教学活动之中。

关键能力教学目标设计应当以专业人才培养目标为基准,目标的确实既符合实际,又要有前瞻性,在课程教学组织上要采用精讲、自学、团队合作学习相结合的教学组织形式,最广泛的实现师生互动及教学过程参与,在教学过程中要始终坚持“以学生为中心”的教育理念,采用参与式、互动式、体验式、获取式等的现代教学方式,有效培养学生的关键能力。

还要通过主题任务学习和团队学习方法的有效结合，学生以团队合作自主协作的完成学习任务，能够较好地激发学生的学习积极性和学习兴趣，提高学生问题发现和解决、团队沟通与协作等方面的职业能力。

在教学过程中，采取真实性的问题情境，灵活运用启发式和以学生行动为导向的教学法，激发学生的学习兴趣，让学生在真实的任务情境与客观世界对话，与他人对话，与自己对话，从而完成对客观世界、对他人、对自我的意义建构，项目（主题）驱动的学习方式有利于学生问题处理、团队协作以及自我学习等方面关键能力的发展。

通过以上方式的整合，激发师生互动及教学参与，走向学习共同体。

# 第八章

# 职业关键能力的评价

## 第一节　教育评价理论的发展与趋势研究

教育评价是教学过程的重要环节，但是教育评价作为专门的理论研究领域，比教育学、教学论要晚得多。目前，教育评价理论已发展成为教育科学的重要分支，成为新兴的教育科研领域之一，与基础理论研究、教育发展研究，共同构成了当今世界教育研究的三大活跃阵地。虽然当前对教育评价还没有完整统一的定义，但总体来说，教育评价是指以教育为对象，对其教育效果进行价值判断的过程。它涉及教育的全领域，包括教育与社会、教育与经济、教育与政治等方面的内容，如教育体制、教育管理、教师活动、师生关系等等。其中学校教育评价是其重要一环。学校教育评价的中心内容又是教学评价❶。

国内外实践证明，教育、教学评价理论和方法的兴起，是教学论思想变革的重要反映，是人才培养规格走向综合化、全面化的反映。实行科学的教育、教学评价，按照现代化教育意识客观、公正地评价学校教育和教学的效果，对全面提高教育质量有巨大的促进作用。

教育、教学评价的理论和方法在我国的发展仍然不够充分，既体现在西方教育评价研究所取得的理论与实践成果，在我国教育界还鲜为人知，也体现在我国的各级教育行政部门和各级各类学校至今还基本上沿用延续多年的传统考试方法来测定和评价教育、教学成绩。这种传统的考查教学质量和学习成绩的方法，存在着许多弊端，不利对教育教学进行科学准确的评价，在一定程度上延缓了我国教育评价工作的现代化。

我国传统评价方法主要是通过考试成绩评定来实现的，这显然不能客观合理地评价学生关键能力状态，因为关键能力更多地外显为行为方式。美国“真实性学生评价”理论在一定程度上可以为中国评价改革提供借鉴。真实性评价的主要做法体现在以下几个方面：①让学生在真实学习情境中，直接面对工作任务。②学生用自己掌握的知识和技能在真实的工作情境中进行思考、辨析、梳理和证实，既不要求学生的答案唯一正确，也不强求与课程内容一致。③评价在教学过程中自然进行，直接提供可观测的学习成果，而不是用孤立的数字来显示学习结果，学生之间可以讨论与合作。④作为真实性评价的环境，体验式教学的实践显得极为重要。通过体验式教学可以收集学生的更多信息，这为真实性评价提供了物质

---

❶ 李盛聪、许晓芸．浅谈教学评价[J]．成都师专学报·文科版，1994(1)

基础。还可采用成长记录档案、任务教学、学习日记、情境测验等方法全面考察学生的综合素质，对学生的学习和发展进行全面评价❶。

在澳大利亚 TAFE 学院的教学体系中❷，评估指南是培训包的一个主要要素，评估指南是达到国家能力标准与职业资格的桥梁。不仅如此，培训包还包括帮助培训包学习者收集证明自己关于培训包能力单元的能力证据评估材料，鼓励培训包学习者参与对自己能力的认定或评估过程。TAFE 学院的教师一般采用 12 种标准测试方法中的某几种作为对课程的考核手段，这 12 种考核方法是：观测、口试、现场操作、第三者评价、证明书、面谈、自评、提交案例分析报告、工件制作、书面答卷、录像、其他。考核结果要求要符合"五性"：有效性、权威性、充分性、一致性、领先性。这些方法的综合运用，比之单用试卷的考核方法，更能反映出学生的实际知识运用能力。

英国国家职业资格证书制度❸则是用现场工作考核代替传统的考场考试；用应考者的实际工作成果代替传统的试卷考试；用对应考者的全面评价，代替了抽样检测；用对应考者的连续培养和考查，代替突击式的、限定时间和范围的培养和考试。这种制度实现了考试与培训过程的相对统一，使培训变得更有效、更有针对性，并且降低了教育培训的成本。在考试理论和方法不断发展的今天，英国国家职业资格证书制度完全摒弃了现行考试制度的一切现成的手段和方法，设计了完全不同的一整套新型鉴定考评方式，打破了传统考试对人才选拔分层分级的方式，促进每一个学员都能不断提高，不断达到新的水平。

## 第二节　能力评价的要素与指标分析

### 一、能力评价的要素

课程体系的评价要素主要包括评价主体、评价类型（方式）、评价标准、评价对象等。于构建能力发展核心的高职课程评价体系而言，需要对影响评价体系构建的主要影响因素、评价原则和评价指标等进行分析。

#### （一）能力核心评价要素构成与影响因素

1. 评价要素构成

以能力发展为核心的课程评价要素主要包括评价主体、评价类型、评价标准和评价对象等。首先，在评价主体上，现代课程评价的主体趋向多元化发展，以能力发展为核心的课程体系评价也在此列，不仅包括了课程设计专家、课程实施者、课程实施对象，同时也逐渐将包括高职院校开展合作教育的企事业单位代表、行业专家以及用人单位代表等。其次，根据评价目的、功能和依据的不同，评价方类型或方式也日趋多样化，如：根据评价的作用和性质，可以分为形成性评价和总结性评价；根据评价与预定目标的关系，可分为目标本位评价和目标游离评价；根据评价关注的焦点不同，可以分为效果评价与内在评价；根据评价人员的来源不同，可以分为内部评价和外部人员评价；根据评价过程所采用的方法，可以分为量化评

❶　蒋永忠．基于实践视角的高职学生关键能力培养及评价体系研究[J]．铜陵学院学报，2009(5)

❷❸　戴维，张迎建．高等职业教育实训课程的国际比较[J]．职业技术教育(教学版)．2006(29)

价和质性评价等，以能力发展为核心的课程评价强调应用多种不同的评价方式，从不同侧面对能力发展的过程和效果进行全面评价，它更多的是一种形成性和主体性评价。再次，在评价标准方面，能力发展核心的评价侧重以个体完成工作任务过程中的表现以及任务的完成情况为依据，其评价指向能力和态度，关注证明材料的收集和分析；不再以知识的获得和再次呈现为主要依据。最后，课程体系的评价对象包括了课程体系设计的评价、教师的课程实施评价和学生的课程学习评价等。

2. 主要影响因素

影响能力发展核心课程体系评价最主要的影响因素有三，即评价取向、评价主体和所选用的评价类型，它们分别从价值观、主体需要、评价功能等方面影响着课程体系的评价。首先，课程评价取向是指每一种课程评价所体现的特定价值观念。有学者认为，从价值取向这一维度，纷繁芜杂的课程评价可以归纳为三类，即目标取向、过程取向和主体取向的评价[1]。关注个体能力发展的过程，指向个体的全面发展和可持续发展的能力发展核心课程体系应加大对过程取向和主体取向的评价，如英国 NVQ 和 GNVQ 体系的能力发展评价中，加大了对课程实施过程的调适与创生，注重学生学业证据的收集，正体现了这一趋势。其次，在评价主体方面，评价主体作为从事评价工作的活动者，不同的评价主体对同一评价对象的评价结果会存在差别，甚至截然相反，这是因为评价在本质上是一种价值判断活动，不同的评价主体从自身的价值观念出发会形成不同的结论；同时，由于价值是由客体满足主体需要的程度来决定的，不同的主体从各自的需求出发做出不同的结论。因而，在课程体系评价过程中，应重视对不同评价主体价值及需要的考察。再次，不同的评价类型有其各自不同的目的和功能，采用何种评价类型，将直接制约着课程体系评价目标的实现。全面了解评价的类型及其目的，是我们进行评价活动的前提，而选择何种评价类型，也是开展评价实践的第一步，Joan · S · Stark(1997)对 8 种不同评价类型及其目标进行了总结[2]，对我们选择评价类型与方法有一定的借鉴和帮助。

**（二）能力核心的评价原则**

能力核心的评价原则是开展以能力发展为核心的课程体系设计及其实施过程评价应遵循的行动准则和基本要求。对能力发展核心的课程体系进行评价，要体现个体能力发展的客观规律、要体现学生主体性和主体性作用的发挥、要利于个体综合职业能力的发展。基于这样一种认识，我们认为，能力核心课程体系的评价原则主要包括主体性原则、多元化原则、过程性原则和情境性原则。

1. 主体性原则

主体性原则是指课程评价要有利于学生主体性的培养与发展，这一原则是高职学生进行有意义学习，发展综合职业能力的必然要求。主体性是指实践主体在社会实践活动中所表现出来的自主性、主动性、创造性和社会性的综合。在课程评价中体现学生的主体性原则，首先可以将学生纳入课程体系的评价主体之一，学生需求是课程编制的依据，是课程实

---

❶ 李雁冰. 课程评价论[J]. 上海：上海教育出版社，2002

❷ Joan · S · Stark. Shaping the College Curriculum[M]. Boston：Allyn and Bacon，1997

施过程中的学习主体，同时也是课程学习效果的评价对象，应当将其纳入课程评价的实然主体，发挥其应有的评价作用。其次，要体现学生的主体性作用，还需要建立起学生参与评价的对话平台和机制，便于学生真正的参与到课程评价中来，在对话过程中培养学生的主体性和创造性，为课程评价提供更多的依据和需求意见。

2. 多元化原则

遵循多元化的评价原则是高职能力发展核心课程体系体现专业特色、促进能力发展、培养个性化人才的必然要求。这一原则具体包括几个方面，其一是评价主体的多元化，参与评价活动人除了教师意外，还可以包括专职的评价机构、教育决策机构、学校管理人员、学生家长、学生群体和个体以及学校内外的其他有关人员，需要特别指出的是，对于就业导向的高职教育而言，应该建立用人单位、行业企业专家以及校企合作人才培养的企事业单位代表参与课程评价的有效平台和机制，由来自教育、生产、社会、人力资源市场等不同社会部门的人共同组成“评价共同体”。其次是评价对象的多元化，以能力发展为核心的课程评价仅仅依靠知识获得和再现的评价是远远不够的，对学生情意发展、任务完成过程中的态度及采用方法、任务完成程度所体现的能力等进行全面的评价。另外，课程的评价对象不仅包括学生的课程学业评价，对课程体系本身的目标、内容设计，评价评价者和参与者的价值取向均可列入评价对象范围之内。再次，评价标准多元化，评价标准多元化是高职教育的各专业差异、区域经济社会发展对高技能型人才的要求不同、办学条件各异以及不同学生之间存在差别的内在要求。最后，评价方式的多元化，不同的评价方式有着不同的作用和功效，在评价过程中，应该根据不同的评价目的要求灵活选用相应的评价方式，这样可以保障评价的有效性。

3. 过程性原则

过程性原则的基本要求主要包括：其一，在评价对象上，课程体系从目标设定、结构设计、课程实施到效果判断的全过程均应进行评价；其二，在评价方法选用上，与评价对象的过程性相适应，应较多采用动态评价而非静态评价，也就是多采用形成性评价、内在评价和质性评价，而较少采用总结性评价、效果评价和量化评价；其三，在课程体系目标的描述上，应更多采用开放性（过程性）目标，而较少使用规定性的目标。其四，对课程实施效果及课程学习评价方面，关注学生能力发展的过程，关注在完成学习任务中采用的方法和态度，坚持过程评价与结果评价的有机统一。

4. 情境性原则

能力发展核心的课程评价要特别关注情境性原则，即评价要结合具体的情境进行，应将评价置身于特定的情况，任何脱离具体情况的课程评价都是没有实际意义的。能力是在一种有意义的、真实世界背景中，以真实学习任务的完成过程和任务完成度来体现其发展水平的，因而，能力发展的评价必须在具体情境下进行。以知识获得和再现的评价脱离了具体的工作任务情境，很难体现个体对知识的应用和以知识为基础，通过知识、技能、态度方法和经验的有机融合（这种融合更多一种化学反应，形成新的能力）而转化成个体完成工作任务的能力，高职能力发展核心的课程评价应将评价置身于真实任务的情境之中，才能有效的对个体能力发展情况进行有效评价。

### （三）能力发展评价指标体系

课程的评价指标体系主要包括评价指标（评价内容）、指标权重、评价标准等因素。下面分别从学生综合职业能力发展的角度对其进行分析：

（1）能力发展的评价指标（内容）选择。评价指标（或内容）也就是开展课程评价的主要观测点，观测点的选择是根据一定的评价目的和作用来确定的。以学生综合职业能力发展为核心课程体系的评价指标选择，要体现能力为核心的课程目标，需体现课程方案及课程实施对个体综合职业能力的发展的有效性，反映个体综合职业能力的发展程度。以能力核心课程的学习评价指标为例，主要包括专业能力指标、关键能力指标两个大类，具体的观测点又包括了陈述性知识再现与程序性知识应用，完成学习任务的态度与表现、采用的方法、学习资料的利用程度、交流与团队协作的充分性，学习任务的完成情况、采用方法的有效性和经济性等等。

（2）能力发展的指标权重设计。指标权重即指标权重系数，是指一个评价体系整体被分解成为若干指标时，用来表示各指标在整体中所占比重大小的数字。在课程学习评价权重设计中，围绕个体综合职业能力来设计指标权重，应突出能力发展的过程性、突出个体在具体学习任务中的表现和任务完成任务，因而，知识获得和再现的权重逐渐减小，而学习任务的完成过程及完成程度权重应较大。

（3）能力发展的评价标准设计。评价标准是规定评价对象达到什么程度或水平是合乎要求的，或者才是优秀、良好的，是评价对象发生质变的临界点。如何设定评价标准是目前教育评价中最难解决的问题之一，本研究只略作涉及，主要采用分解评价指标中包含的主要内容，通过核查、参考目前已有的能力评价标准，咨询专家意见并经实践逐步完成。比如对学生关键能力发展的情况设定三级发展水平❶，以此考查学生关键能力发展的不同程度。

## 二、能力评价的原则与标准

### （一）学生综合职业能力评价的基本原则

传统的评价模式是以“成绩单”为主要依据的评价方法，这是一种对学生过去表现的终结性评价，是应试教育的典型特点，导致颇受诟病的“高分低能”和“素质残缺”。这种评价的缺点越来越受到人们的关注，与现代教育的发展也表现出越来越大的不适应性，尤其是不是适应高等教育的发展。因此，学生评价制度改革已被提上日程，在学业成绩评价中要突出评价的发展性功能和职业能力的培养。因此，新的评价体系要体现以下基本原则❷：

（1）评价内容上，应以学生的素质和职能能力养成为重点。高职学生必须学习并掌握相关的专业知识，但是知识的掌握是为素质和能力提升服务，知识是能力的基础，在评价上要以“够用”为原则。在对“够用”的标准的把握上，既要体现知识在能力掌握中的基础地位，也要为学生的可持续学习提供基础。这就要求在评价中必须把知识掌握与能力培养结合起来，避免尽管学生掌握了较丰富的知识，而不能学以致用，不能转化为素质和能力，那也只是

❶ 卢晓春，胡昌送．突出发展高职学生关键能力的教学设计理论与实践［J］．广东技术师范学院学报，2008（2）

❷ 费芳．高职学生综合能力的测评应以职业能力培养为导向［J］．职业时空，2006（7）

“高分低能”的“次品”。如果政治思想素质上存在问题，产生的就是对社会有害的“危险品”。

(2)评价方式上，要采用具有学科特点、灵活多样的检测方式。笔试作为一传统的评价方法，对知识的评价上发挥着重要作用，既能评价学生的知识掌握情况，在一定程度上也能考核学生的能力状况。但是，必须承认，笔试在现代教育的不足日益彰显，尤其是笔试对素质和能力的检测方面的低效能日益引起人们的关注，因此，作为一种以职业能力为目标的评价方法，应当根据专业、学科和课程特点，注重全过程评价，采取适宜的检测方式，就是同一课程也可采用多种检测方式相结合。

(3)评价途径方面，采用自评与他评相结合。自评即自我评价法，是现代社会广泛彩的一评价方法，是被评价者按一定的评价指标体系，对自己的情况进行自我评价，以达到相应的评价目的。这种方法可以增强学生对教学目标的理解，促进学生的自我教育，使学生正确进行自我认知。他评即他人评价法，是被评价者以外的人按一定的评价指标体系或者自己的见解和思想，对被评价者进行评价，以达到相应的评价目的，通常有师生评价和生生评价等。师生评价是一种主流的评价方式，教师对学生从多角度进行了评价，对学生有着深远的影响，其评价的方向在一定程度上会影响学生的表现，甚至会直接导致学生的今后的学业表现与能力结构，但是积极的评价、鼓励性的评价能让学生感觉成功、体会快乐，能使师生之间建立信任和水乳交融的感情，同时可产生教学相长的效果。生生评价是指学生对学生评价，这种评价可充分交流思想，让学生在评价中提出自己的看法，产生取长补短的效果，同时有利于学生站在更高的层面上分析问题、解决问题。

(4)评价标准方面，统一评价与分层评价相结合。根据不同的学科特点和能力要求，确定评价基准，可采取统一评价标准或不同评价标准，多角度开展评价工作。统一评价是按照统一的评价标准来判定，通过客观性指标，注重评价的教育性和引导性，来确定被评价者的能力状况。而分层评价是根据学生个体的差异，针对某一能力指标，通过个体的纵向(过去—现在)比较和横向(各方面综合)比较，在其成长过程中给予适当的激励性评价。其优点是评价时充分考虑了个性差异，在评价过程中不会给被评价者造成压力。

(5)评价结果处理上，采取等级制。斯塔弗尔比姆认为，“评价最重要的目的不是证明，而是改进。”因此，评价结果的处理上主要是为学生的成长提供指引和方向，而不是证明其能力的不足或能力突出。基于此，在评价结果的表述上，应该尽可能改变过去的百分制，采用等级制，如优秀、良好、及格和不及格。评价是教学的继续和深化，评价本身不是目的。因此，对学生学习评价的结果，要及时地、动态地反馈给学生，便于学生自主进行学习调节，同时教师也应对检测结果进行分析和指导，为学生提供建设性、发展性的意见。

### (二)高职学生综合职业能力的测评标准

#### 1. 基本素质的测评

(1)确定评价依据。不同类型的课程应采取不同的课程评价依据，具体来说，以“双课”教学及课堂教学为主的第一课堂、以课外活动为主的第二课堂、以社会实践为主的第三课堂，在评价中主要应当以考勤、课堂表现、随堂测试为评价依据。

(2)实施素质教育评价。评价中应把素质教育与素质养成纳入并作为主要评价策略。开展以活动为载体的分年级素质教育评价，一年级进行基本素养教育，二年级开展成人成才教育,三年级开展职业道德教育,增强素质教育评价的针对性。

(3)实施量化评价。根据评价结果导向,要科学制定评价指标体系,实行日评、周结、月评比的量化制度。

(4)实行档案袋考评法,建立成长记录。在过程评价中,采取成长记录法,建立学生成长档案。成长记录通常记录学生的经验、成绩、获奖情况等,反映学生的成长历程。注重测评的综合性导向,让发展综合素质的思想扎根于学生的心中,体现在学生日常的学习、生活中,起到导向作用。

2. 理论知识的测评

(1)课堂问答。课堂交流是师生互动的主要方式,也是教学效果的即时反馈,有利于教师根据互动情况调整教学进度。

(2)作业分析。作业是学生对所掌握知识和能力的再现,在一定程度上能反映出学生对知识和能力的掌握情况,同时这也是一种客观的评价方法。

(3)书面考试。书面考试是评价学生学习效果的一种方法,在对学生的评价中有着很重要的地位。这种方法主要采用以考试试卷测试学生对课堂所学知识掌握的程度的方法。在具体实施中,应建立“试题库”,将知识点与能力有效对应。

(4)课堂观察。观察是以被评价对象的行为表现为主,在教学的自然场景中了解被评价对象的方法,这是直接认识被评价者的最好方法。课程观察适用于评价不易量化的行为表现(如态度、道德感、鉴赏力、熟练技巧、性格)和技能性成绩(如唱歌、绘画、体育技巧和手工制品等)。

(5)课后访谈。课后访谈主要用于了解学生学习的兴趣、需要、态度和课后学习情况。这种方法由于以直接接触和口头回答的方式获取评价信息,所获取的资料比较详细真实。

(6)撰写小论文。这种方法通过具体的问题情境,让学生表述在具体情境中的问题解决方案,用于评价学生收集、整理、描述、分析、归纳、决策或预测问题等能力。

3. 技能的测评

(1)基本技能的测评。英语与计算机能力的测评,可能通过目前国家认可的能力测试标准,以等级资格的考试进行测评,以获得资格证书为唯一的评价依据。写作能力和口头表达能力可通过试卷和课堂考核来完成;至于其他类型的能力可采用问卷调查的方式进行。

(2)专业技能的测评。高职学生在专业能力的测评中,可以获取相关职业资格证专业,学生必须获取“职业技能资格证书”。如果其他毕业条件具备,而没有获取“职业技能资格证书”,则暂缓毕业,待日后获取“职业技能资格证书”才允许正式毕业❶。

美国劳工部获取必要技能委员会(Secretary's Commission on Achieving Necessary Skills,简称SCANS)根据职业生涯发展,将必要技能的评价按照从简单工到复杂分为5个级别:①初级;②入门;③中级;④高级;⑤精熟。每项必要技能的每个标准都是具体而明确的,并作为课程、教学、评估实施及记录和报告学生能力进展情况的依据。如表8-1所示,美国必要技能中的第一个统筹资源能力中对时间统筹的评价标准❷。

---

❶ 费芳. 高职学生综合能力的测评应以职业能力培养为导向[J]. 职业时空,2006(7)

❷ 吴秀杰. 关于“关键能力”的解析及思考[J]. 成都航空职业技术学院学报,2009(9)

美国核心技能中时间资源能力的评价标准　　表 8-1

| 标准等级 | 评价描述 | 时间安排 |
| --- | --- | --- |
| 5 | 能根据多个项目或活动进程调整时间表；为提高组织效率，调整多项时间表。高级水平为多个项目的专家安排时间表 | 高级水平为多个项目的专家安排时间表 |
| 4 | 能为工作团队的一个项目或多个工作任务设立时间表和截止日期，必要时能评估和调整时间表。 | |
| 3 | 能为自己的工作单位的其他成员安排时间表和截止日期，以提升团队的工作效率；能决定团队工作任务的重要性和顺序。 | 中等水平为下周的项目成员安排时间表 |
| 2 | 能确定自己工作任务的顺序和重要性，并根据截止日期和预期效果，调整任务的顺序和时间长短；能根据将来的打算，调整时间分配，必要时调整工作速度。 | 低水平为指定的工作任务安排每个月日程表 |
| 1 | 能在规定时间，按部就班地完成自己的任务；并有效利用时间，提高工作效率。 | |

资料来源：ACT，INC. Workplace essential skills：Resources related to the SCANS competencies and founda2tion skills，2000

### 三、关键能力的发展性评价体系

发展性评价体系由英国开放大学学者最早提出和倡导。[1] 在其评价体系中，首先提出了评价制度的构建要以促进被评价者的发展为目的，强调评价双方之间的交流与合作，评价应该要尊重被评价者的个体差异及多样性特点。发展性评价在对学生的评价中要以促进学生的发展为目的，要充分考虑学生未来的发展需求，通过帮助学生树立自信，建立正确的自我认知，从而有计划、有目的地发展自我。具体内容如表 3-5 所示。

表 8-2 中设立四级评价指标共有 21 小项指标，通过对指标的赋值，四级指标中的每一项以 10 分为满分；9.0～10 分为优秀；7.0～8.9 分为良好；5.0～6.9 为一般；3.0～4.9 为较弱；2.9 以下为很弱。在每个学习阶段，由评价主体对参与学习的学生进行评价。评价的内容包括专业理论知识考核成绩、工作过程课题训练成绩、技能竞赛奖励情况、职业技能鉴定、班级日常规范考核、班干部、学生会干部工作考核、军训成绩、值周劳动成绩、社会实践、企业实践等方式。专业教师在 21 项指标中对学生进行评价，班主任对其中的 16 项指标进行评价，学生的家长也被赋予评价权力，可对 16 项指标进行评价，学生所参与的社会实践企业也可以对学生进行综合评价，其中有 18 项指标可供其进行评价。各个主体评价结束事，将其评价分值的平均分进行加总，就得到了学生的综合评定成绩，根据统一的标准，将这些成绩设为优秀、良好、一般、较弱、很弱五个等级。发展性职业能力的评价采用“现状描述＋发展趋势”，各评价主体针对学生特点及表现给予发展建议。

关键能力作为能力体系中的重要组成部分，是有别于专业能力之外的方法和社会能力，其评价要注重描述性指标的运用，通过描述性指标对学生的关键能力进行发展性评价，要淡化定量评价和标准化操作，以质的评价和多元主体评价为重点。改革过去的单一的终结性评价，以

[1] 窦慧明．技校学生职业能力培养模式的创新及发展性评价研究[J]．教育研究，2009(12)

学生能力发展的全过程作为评价对象,注重形成性评价,在评价主体的选择上要充分吸收专家、教师、学生以及其他关键人群参与,在评价维度上,将学生的知识掌握程度、能力发展水平以及思维发展状况进行充分的描述,并在此基础上提出具体的改进建议,从而为学生的不断发展自己的认知、情感和能力提供依据,进而促进教学过程的改革,从而构建发展性评价体系❶。

**发展性评价体系内容** 表 8-2

<table>
<tr><th rowspan="2">一级指标</th><th rowspan="2">二级指标</th><th rowspan="2">三级指标</th><th rowspan="2" colspan="2">四级指标</th><th rowspan="2">分值</th><th colspan="6">评价主体</th></tr>
<tr><th>自评</th><th>组评</th><th>任课老师评价</th><th>班主任评价</th><th>家长评价</th><th>企业评价</th></tr>
<tr><td rowspan="21">职业能力</td><td rowspan="4">专业能力</td><td>理论知识</td><td colspan="2">10</td><td>*</td><td>*</td><td>*</td><td></td><td></td><td></td><td></td></tr>
<tr><td rowspan="3">专业技能</td><td colspan="2">专业技术</td><td>10</td><td>*</td><td>*</td><td>*</td><td></td><td></td><td></td></tr>
<tr><td colspan="2">技能竞赛</td><td>10</td><td>*</td><td>*</td><td>*</td><td></td><td></td><td>*</td></tr>
<tr><td colspan="2">职业技能鉴定</td><td>10</td><td>*</td><td>*</td><td>*</td><td></td><td></td><td></td></tr>
<tr><td rowspan="17">关键能力</td><td rowspan="10">心理素质</td><td colspan="2">职业道德、素养</td><td>10</td><td>*</td><td>*</td><td>*</td><td></td><td></td><td>*</td></tr>
<tr><td rowspan="7">职业适应能力</td><td>质量意识</td><td>10</td><td>*</td><td>*</td><td>*</td><td>*</td><td>*</td><td>*</td></tr>
<tr><td>安全意识</td><td>10</td><td>*</td><td>*</td><td>*</td><td>*</td><td>*</td><td>*</td></tr>
<tr><td>时间观念</td><td>10</td><td>*</td><td>*</td><td>*</td><td>*</td><td>*</td><td>*</td></tr>
<tr><td>纪律观念</td><td>10</td><td>*</td><td>*</td><td>*</td><td>*</td><td>*</td><td>*</td></tr>
<tr><td>过程优化意识</td><td>10</td><td>*</td><td>*</td><td>*</td><td>*</td><td>*</td><td>*</td></tr>
<tr><td>环保意识</td><td>10</td><td>*</td><td>*</td><td>*</td><td>*</td><td>*</td><td>*</td></tr>
<tr><td>工作计划、执行力</td><td>10</td><td>*</td><td>*</td><td>*</td><td>*</td><td>*</td><td>*</td></tr>
<tr><td colspan="2">自我管理能力</td><td>10</td><td>*</td><td>*</td><td>*</td><td>*</td><td>*</td><td>*</td></tr>
<tr><td colspan="2">受挫承压能力</td><td>10</td><td>*</td><td>*</td><td>*</td><td>*</td><td>*</td><td>*</td></tr>
<tr><td rowspan="3">方法能力</td><td colspan="2">收集处理信息能力</td><td>10</td><td>*</td><td>*</td><td>*</td><td>*</td><td>*</td><td>*</td></tr>
<tr><td colspan="2">解决问题能力</td><td>10</td><td>*</td><td>*</td><td>*</td><td>*</td><td>*</td><td>*</td></tr>
<tr><td colspan="2">学习能力</td><td>10</td><td>*</td><td>*</td><td>*</td><td>*</td><td>*</td><td>*</td></tr>
<tr><td rowspan="4">社会能力</td><td colspan="2">沟通表达能力</td><td>10</td><td>*</td><td>*</td><td>*</td><td>*</td><td>*</td><td>*</td></tr>
<tr><td colspan="2">人际交往能力</td><td>10</td><td>*</td><td>*</td><td>*</td><td>*</td><td>*</td><td>*</td></tr>
<tr><td colspan="2">协调组织策划能力</td><td>10</td><td>*</td><td>*</td><td>*</td><td>*</td><td>*</td><td>*</td></tr>
<tr><td colspan="2">社会责任感</td><td>10</td><td>*</td><td>*</td><td>*</td><td>*</td><td>*</td><td>*</td></tr>
<tr><td colspan="2"></td><td></td><td colspan="2">平均分</td><td></td><td></td><td></td><td></td><td></td><td></td><td></td></tr>
<tr><td>综合评定</td><td colspan="2">考核分</td><td colspan="3"></td><td colspan="2">评价等级</td><td></td><td>发展趋势</td><td colspan="2"></td></tr>
<tr><td>发展建议</td><td colspan="11"></td></tr>
</table>

❶ 卢晓春. 深化学生关键能力培养的对策研究[J]. 广东交通职业技术学院学报,2009(12)

具体从操作层面上来看，首先是在专业人才培养方案中设置关键能力发展的指标并根据关键能力发展的不同层次给予相应的评价和学分，如物流管理专业设置的五级能力发展指标体系：

1 级：能独立运用该技能的一部分，但需要别人的帮助才能完整运用该技能（新手）。

2 级：能完整、较好地独立运用该技能（熟手）。

3 级：能又快又好地独立运用该技能（内行）。

4 级：能又快又好地独立运用该技能，且能积极主动地应对特殊情况（优秀人员）。

5 级：能又快又好地独立运用该技能，且能指导别人运用该技能（专家）。

## 第三节 专业职业能力成长评价体系的设计与实践

### 一、软件技术专业培养目标分析

软件技术专业培养德、智、体、美全面发展、具备软件系统分析和实现的能力，掌握结构化程序设计和面向对象程序设计的基本方法，熟悉数据库的工作原理和使用方法，熟悉测试的基本方法和自动化测试工具的使用，具有一定的软件技术系统分析、设计、开发和测试、维护能力的高技能应用型人才。

### 二、职业与岗位能力分析与人才培养规格分析

1. 职业与岗位能力分析

如表 8-3 所示。

**软件技术专业职业岗位能力分析** 表 8-3

| 序号 | 核心工作岗位<br>及相关工作岗位 | 职业岗位任务要求 | 职业能力与素质<br>（专业能力和关键能力） |
|---|---|---|---|
| 1 | 软件程序员 | 编写详细设计说明书；<br>实现代码；<br>单元测试；<br>配置管理工作 | 掌握通用的程序设计技巧，熟练掌握流行的 C#语言或 Java 语言、SQL Server 数据库、ASP. NET 或 JSP 等编程工具 |
| 2 | 软件测试人员 | 功能测试；<br>性能测试；<br>相应的测试文档编写；<br>测试环境的配置和测试数据的准备 | 熟悉典型的软件测试方法，熟练掌握自动化测试工具的使用 |
| 3 | 软件文档工程师 | 软件文档的编写和管理 | 熟悉软件产品开发的各个环节，具有较强的文字表达能力和软件文档写作及管理工具使用能力 |
| 4 | 软件维护人员 | 软件的维护；<br>软件的使用培训 | 熟悉主流软件开发技术，对现有软件进行维护更新 |

2. 人才培养规格

• 掌握一定的人文、社会科学知识。

- 掌握本专业必需的文化基础知识。
- 掌握计算机软件专业所需的专业技术基础知识。
- 掌握程序设计和开发的基本知识。
- 掌握软件系统开发与管理的基本知识。
- 掌握软件测试的基本方法。
- 掌握数据库管理技术及其应用。
- 具有系统集成的基本知识。

3. 能力结构

- 较全面的程序设计能力。
- 软件开发和管理的能力。
- 软件开发全过程相关工具的使用能力。
- 较强的软件文档写作能力。
- 熟练的网络和数据库使用能力。
- 软件测试能力。
- 软件产品的营销能力。
- 较好的英语应用能力，能熟练地阅读本专业英文资料、业务函电。
- 及时吸收计算机方面的新技术和新思想的能力。

4. 素质结构

- 正确的世界观、人生观、价值观，热爱祖国、为民服务的政治思想品质。
- 牢固法制观念与守法意识，遵纪守法、诚实守信、弘扬正气的道德品质。
- 强烈的事业心、责任感、务实精神，严谨求实的学风。
- 强烈的竞争意识，坚忍不拔的毅力，顽强不屈的拼搏精神。
- 崇尚科学、善于学习、勇于钻研、开拓创新的良好风尚。
- 崇尚集体主义，良好的合作意识、人际关系、处事方式和协调能力。
- 健康的审美观，吃苦耐劳的精神，勤俭节约的作风。
- 良好的身体与心理素质，乐观向上的生活态度。

## 三、专业课程体系框架结构

如图 8-1 所示。

## 四、专业职业能力评价体系的构建

通常来说，职业能力是职业角色从事特定岗位工作所需要的个体能力的总称，具体包括知识、理解力和技能诸要素，这些要素作为一个有机整体，综合地发挥作用，其中任何一种孤立能力要素都难以完成职业活动[1]。高职软件专业毕业生应具有的职业能力包括专业能力和关键能力。专业能力是指与职业直接相关的专业知识、专业技能的掌握和应用能力；关键能力则是指一种可迁移的、对劳动者的未来发展起关键性作用的能力，即具体专业知识和技能以外的方法能力和社会能力，能够较好地适应专业技术和职业环境变化。如职业道德、沟

[1] 万东；郭庚麒；周江．高职软件专业软件设计能力成长性评价体系研究［J］，广东交通职业技术学院学报，2010

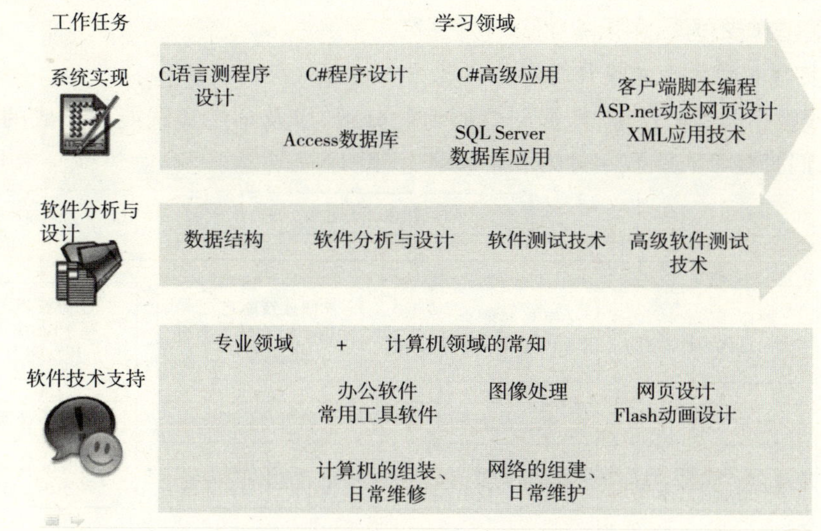


图 8-1 软件技术专业课程体系框架

通能力、团队协作能力、分析解决问题能力、吃苦耐劳精神、创新意识等等。具备了专业能力，是从事某项职业的先决条件，而具备了关键能力，才可能使其职业生涯可持续发展。因此，培养学生的职业能力是高职教育的目标。

虽然不少高职院校按照教育部的要求，确定了培养目标是高技能应用型人才，但教学设计还是或多或少沿用了学科型的模式，造成学生所学知识实用性不强，动手实践能力差，难以适应岗位需要。这也是企业不愿意接受应届生一个重要因素。要想打破僵局，提高就业率，应围绕培养职业能力、工学结合理念进行教学设计和实施，尤其是实践教学环节。

1. 确定实践教学体系的目标

高职教育实践教学目标是围绕实际岗位职业技能需求而制定的，软件专业岗位群主要有：软件程序员、软件测试人员、软件文档工程师、软件维护人员等，以某一岗位需求为依据，以学生就业为目的的前提下，按照"一体两翼"模式构建目标，"一体"指以培养技术实际技能为主体，"两翼"指以职业素质训练和职业资格证书获取为两翼。具体要求是：在岗位职业技能上应培养学生的编程逻辑能力、数据库设计和操作能力、软件体系结构架构能力以及相关平台的开发能力。编程逻辑能力包括学生实现顺序、判断分支、循环程序结构和模块化程序的能力。数据库设计和操作能力包括学生在 SQL SERVER 或 ORACLE 等数据库中设计数据库、表、视图、存储过程、触发器等对象，并能对这些对象实现各种操作的能力。软件体系结构架构能力包括学生理解单层结构、两层结构、三层结构甚至 N 层结构，能区分表示层、业务逻辑层、数据层，并能对一具体软件项目设计合理的层次体系和实现各层的程序设计的能力。相关平台开发能力包括学生能在某个开发平台熟练使用某种语言开发软件项目的能力。从认识实习、基本技能、技术应用能力以及综合能力多个层面分阶段深化进行训练，以达到综合运用所学知识、分析解决问题的能力。在职业素质上，应培养学生敬业爱岗、明理守信、开拓创新、交流沟通、团队协作等精神。在职业资格证书上，要求学生在获取学历证书的同时，还要取得软件技术专业中较权威的职业资格证书，职业技术认证是对学生技术能力的综合检验，获得职业认证资格从另一个层面表明学生具备了就业的基本职业能力，有助于学生顺利走上工作岗位。

2. 确定实践教学体系的设计思路

根据实践教学体系的目标,依据岗位能力的分解,以及学生实践能力形成的规律,进行系统设计,我们将整个实践教学分为三个层次。如图 8-2 所示。

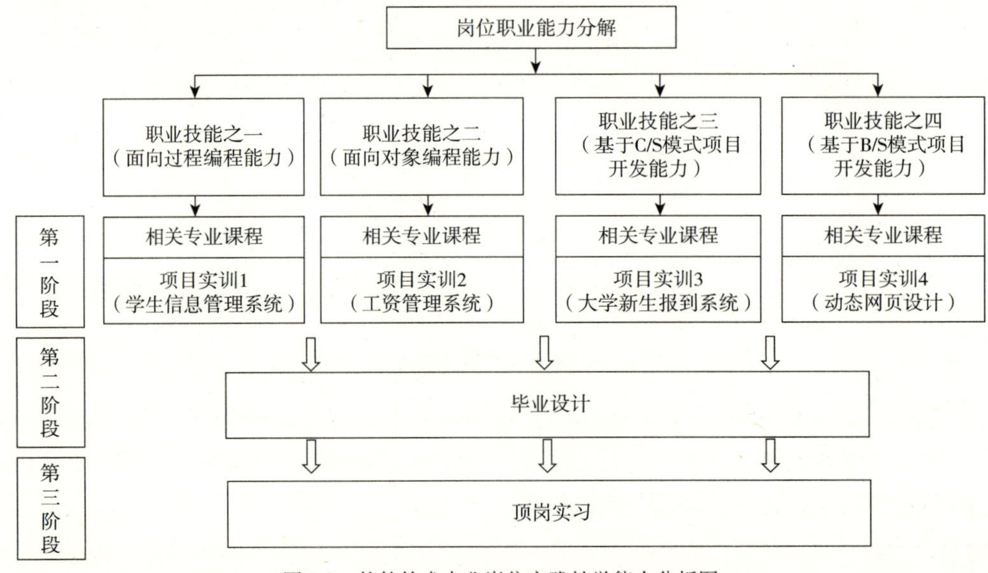


图 8-2　软件技术专业岗位实践教学能力分析图

(1)确定实践教学体系的内容。高职软件技术专业实践教学体系在内容上应最大限度地涵盖所需的专业知识、体现学生的专业能力和关键能力,其实施形式包括单元课程实践(表 8-4)、项目实训、毕业设计与实践(图 8-3)。实训项目(注:针对该学期的相关专业课而开设的综合性实践课程)以企业项目为原型,对应本学期相关专业课程内容,设计实训题目,项目实训按照软件工程和项目管理的要求进行部署和实施,应遵循从易到难,从局部到全面的原则进行。单元课程实践的目的是使学生在教师的引导下掌握对应单元课程的基本知识,训练学生的基本技能;在时间安排上,大部分必修专业技术课程的实践课时和理论课时之比应达到或超过 2∶3。项目实训的目的是检验学生对一门课程或几门课程学习状况,训练学生对某项或某些技术的综合运用能力;在时间安排上,是每学期需要 2 ~ 3 周时间。毕业设计与实践的目的是检验学生对专业的掌握程度,锻炼学生对专业的综合分析和运用能力,提高学生实践能力;在时间安排上,需要 10 周左右的时间。关键能力的培养训练则渗透于全部实践活动之中。

**实践能力考核方法和考核指标表**　　表 8-4

| 项　　目 | 单元课程实践 | |
|---|---|---|
| | 程序开发 | 文档编写 |
| 考核方法 | 程序验收 | 文档验收 |
| 考核指标 | 程序完成程度;<br>程序正确性;<br>代码规范性 | 文档规范性;<br>文档描述严谨性;<br>算法及流程图 |

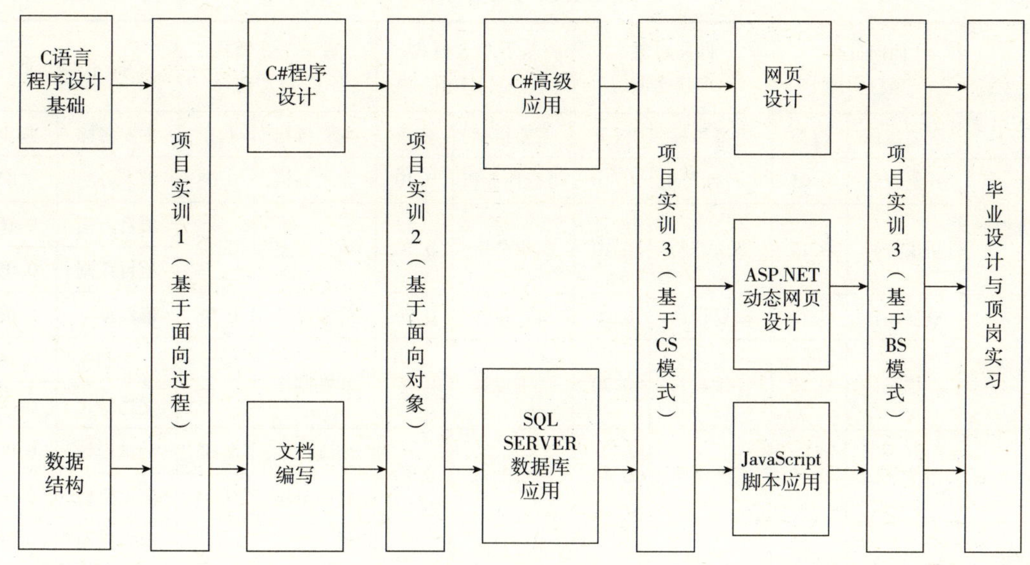


图 8-3　实践教学内容体系框图

从实践教学内容体系上看，共有 9 门专业课程，每门课程都安排单元课程实践。有 4 次课程综合实践，每次综合实践的侧重点不同。“项目实训 1”着重培养学生的编程逻辑、程序开发能力。“项目实训 2”着重培养学生的面向对象的分析和设计能力、数据库的操作能力。“项目实训 3”着重培养学生基于 C/S 模式的软件体系架构能力和开发设计能力、软件项目的分析设计能力。“项目实训 4”着重培养学生基于 B/S 模式软件体系架构能力和开发设计能力。“毕业设计与实践”则是对一个较大规模项目进行分析设计，综合运用所学的各种软件技术进行开发，其技术和思想要与时俱进。在时间安排上，课程综合实践安排 1 ~ 2 周，专业综合实践安排 10 周。在评价体系上，可按后面的“考核指标表”进行考核。

（2）构建实践教学评价体系。实践教学体系的评价属于质量检测机制范畴，是对实践教学活动进行考核，主要包括对学生实践活动的评价和对实践教学体系的评价。对于学生实践活动的评价，应制定具体的考核方法、考核指标，分析考核结果，通过深入的企业调研，依据软件企业软件开发标准及国家计算机软件开发规范，在具体的评价中，可制定了项目实训考核指标（表 8-5）。但是在制定考核方法和定义考核指标上，应当遵循以下原则：一是应紧密围绕专业能力和关键能力。二是评价指标要从粗到细，逐步细化。以小组形式进行项目的开发，随着学习的深入，小组人数逐渐增多，对于项目难度及要求也随之提高，充分体现能力进阶的过程，逐步培养学生开发、协作、沟通和表达能力，要注意实践类型不同，其方法和指标也应不同（表 8-6 至表 8-12）；三是要根据考核指标的重要程度，设定不同的权重。四是根据学生每一指标的得分情况，确定学生最后实践活动的成绩。在学生实训过程中，实训指导教师可通过基于 Web 的评价平台跟踪和了解学生的实训情况，找出学生实训过程中的亮点和不足并加以点评，不断提高学生实训活动的质量。

**项目实训考核指标表** 表 8-5

<table>
<tr><th rowspan="2">指标名称</th><th colspan="2">面向过程<br>项目实训</th><th colspan="2">面向对象<br>项目实训</th><th colspan="2">基于 C/S 模式<br>项目实训</th><th colspan="2">基于 B/S 模式<br>项目实训</th><th colspan="2">毕 业 论 文</th></tr>
<tr><th>主要指标</th><th>权重</th><th>主要指标</th><th>权重</th><th>主要指标</th><th>权重</th><th>主要指标</th><th>权重</th><th>主要指标</th><th>权重</th></tr>
<tr><td rowspan="3">项目规划</td><td>开发背景</td><td>0.05</td><td>可行性分析</td><td>0.10</td><td>可行性分析</td><td>0.10</td><td>需求分析</td><td>0.08</td><td>需求分析</td><td>0.05</td></tr>
<tr><td rowspan="2">需求分析</td><td rowspan="2">0.15</td><td rowspan="2">需求分析</td><td rowspan="2">0.10</td><td rowspan="2">需求分析</td><td rowspan="2">0.10</td><td rowspan="2">项目方案</td><td rowspan="2">0.12</td><td>项目方案</td><td>0.10</td></tr>
<tr><td>项目控制</td><td>0.05</td></tr>
<tr><td rowspan="3">项目实施</td><td>概要设计</td><td>0.10</td><td>概要设计</td><td>0.20</td><td>概要设计</td><td>0.20</td><td>形象设计</td><td>0.08</td><td>形象设计</td><td>0.06</td></tr>
<tr><td rowspan="2">详细设计</td><td rowspan="2">0.30</td><td rowspan="2">详细设计</td><td rowspan="2">0.20</td><td rowspan="2">详细设计</td><td rowspan="2">0.20</td><td rowspan="2">开发制作</td><td rowspan="2">0.22</td><td>开发制作</td><td>0.20</td></tr>
<tr><td>文档管理</td><td>0.04</td></tr>
<tr><td rowspan="2">项目测试</td><td rowspan="2">系统测试</td><td rowspan="2">0.10</td><td rowspan="2">系统测试</td><td rowspan="2">0.10</td><td rowspan="2">系统测试</td><td rowspan="2">0.10</td><td>测试设计</td><td>0.06</td><td>测试设计</td><td>0.06</td></tr>
<tr><td>测试分析</td><td>0.04</td><td>测试分析</td><td>0.04</td></tr>
<tr><td rowspan="2">项目完工</td><td rowspan="2"></td><td rowspan="2"></td><td rowspan="2"></td><td rowspan="2"></td><td rowspan="2"></td><td rowspan="2"></td><td rowspan="2"></td><td rowspan="2"></td><td>项目发布</td><td>0.06</td></tr>
<tr><td>项目验收</td><td>0.04</td></tr>
<tr><td rowspan="2">项目跟踪</td><td rowspan="2"></td><td rowspan="2"></td><td rowspan="2"></td><td rowspan="2"></td><td rowspan="2"></td><td rowspan="2"></td><td rowspan="2"></td><td rowspan="2"></td><td>宣传推广</td><td>0.04</td></tr>
<tr><td>网站维护</td><td>0.06</td></tr>
<tr><td rowspan="3">项目总结</td><td rowspan="3">项目报告</td><td rowspan="3">0.15</td><td>系统性能评价</td><td>0.03</td><td>系统性能评价</td><td>0.03</td><td>系统性能评价</td><td>0.06</td><td>系统性能评价</td><td>0.06</td></tr>
<tr><td>技术方法评价</td><td>0.02</td><td>技术方法评价</td><td>0.02</td><td>技术方法评价</td><td>0.04</td><td rowspan="2">技术方法评价</td><td rowspan="2">0.04</td></tr>
<tr><td>项目报告</td><td>0.05</td><td>项目报告</td><td>0.05</td><td>项目报告</td><td>0.10</td></tr>
<tr><td rowspan="3">项目管理</td><td>开发进度</td><td>0.02</td><td>开发进度</td><td>0.05</td><td>开发进度</td><td>0.05</td><td>开发进度</td><td>0.05</td><td>开发进度</td><td>0.05</td></tr>
<tr><td>小组合作、沟通能力</td><td>0.08</td><td>小组合作、沟通能力</td><td>0.10</td><td>小组合作、沟通能力</td><td>0.10</td><td>小组合作、沟通能力</td><td>0.10</td><td rowspan="2">小组合作、沟通能力</td><td rowspan="2">0.05</td></tr>
<tr><td>小组互评</td><td>0.05</td><td>小组互评</td><td>0.05</td><td>小组互评</td><td>0.05</td><td>小组互评</td><td>0.05</td></tr>
<tr><td>考核要点</td><td>编程逻辑、程序开发能力、初步了解软件开发过程</td><td></td><td>面向对象的分析和设计能力、数据库的操作能力、逐步熟悉软件开发过程</td><td></td><td>基于 C/S 模式的软件体系架构能力和开发设计能力、软件项目的分析设计能力、在熟悉软件开发过程的基础上引入项目管理理念</td><td></td><td>基于 B/S 模式软件体系架构能力和开发设计能力、进一步加强软件项目的分析设计能力、逐步熟悉项目管理理念</td><td></td><td>依据项目管理理念，能综合运用所学的各种软件技术进行项目开发，基本实现与企业开发接轨</td><td></td></tr>
</table>

3. 各阶段实训项目的评价指标设计

(1)面向过程项目实训——学生信息管理系统为例

实训目的要求:

①实训目的:能运用C语言程序开发一个小型应用软件,培养学生的算法逻辑、程序开发能力,初步认识和了解开发软件的基本步骤。

②基本要求:掌握C语言的各种数据类型、语法结构及结构化设计理念,应用合理的数据结构编制一个包括C语言所有内容的综合性程序。

评价指标:见表8-6。

面向过程项目的实训评分表 表8-6

| 指标名称 | 权重 | 指标名称 | 权重 |
|---|---|---|---|
| 1. 开发背景 | 0.05 | 7. 系统测试 | 0.10 |
| 2. 需求分析 | 0.10 | 8. 开发进度 | 0.02 |
| 3. 开发工具选择与环境搭建 | 0.05 | 9. 小组合作、沟通能力 | 0.08 |
| 4. 概要设计 | 0.10 | 10. 文档清晰度、完整度 | 0.15 |
| 5. 详细设计 | 0.10 | 11. 小组互评 | 0.05 |
| 6. 算法设计与实现 | 0.20 | | |

(2)面向对象项目实训:工资管理系统、IT产品销售管理系统或学生选课系统

实训目的:能运用C#和SQL Server数据库开发应用系统软件,培养学生面向对象的分析和设计能力、数据库的操作能力,进一步熟悉软件开发过程。

基本要求:基本了解面向对象程序开发的基本思路和方法,掌握Windows应用程序用户界面设计以及数据库在软件开发中的应用。

评价指标:见表8-7。

(3)基于C/S模式项目实训:大学新生报到系统

实训目的:能运用C#和SQL Server数据库开发一个应用系统软件,着重培养学生基于C/S模式的软件体系架构能力和开发设计能力、软件项目的分析设计能力,熟悉并掌握软件开发过程。

基本要求:熟练掌握Visual C#. NET的基本知识和技能以及面向对象程序设计思想,掌握UML建模、图形图像处理以及系统测试的方法。

评价指标:见表8-8。

(4)基于B/S模式项目实训:动态网页设计

实训目的:能运用ASP. NET平台开发一个小型动态网站,着重培养学生基于B/S模式软件体系架构能力和开发设计能力,了解并熟悉电子商务网站的开发过程。

基本要求:要求熟练掌握Web站点服务器的创建、配置、调试;网页制作三剑客即Dreamweaver、Flash、Firework软件的运用,掌握HTML标记语言、脚本语言编程;ASP. NET内建对象和可安装组件,基于后台数据库的编程技术。

评价指标:见表8-9。

**面向对象项目的实训评分表** 表 8-7

| 一级指标编号及名称 | 权　重 | 二级指标编号及名称 | 权　重 |
|---|---|---|---|
| 1. 可行性研究 | 0.10 | 1.1 开发目的及背景<br>1.2 说明并论证所选定的方案 | 0.04<br>0.06 |
| 2. 需求分析 | 0.10 | 2.1 任务概述<br>2.2 需求规定<br>2.3 运行环境 | 0.03<br>0.04<br>0.03 |
| 3. 概要设计 | 0.20 | 3.1 总体设计 *<br>3.2 模块设计<br>3.3 系统数据库设计 *<br>3.4 系统出错处理设计 * | |
| 4. 详细设计 | 0.20 | 4.1 程序系统的组织结构<br>4.2 程序模块设计说明 * | 0.08<br>0.12 |
| 5. 系统测试 | 0.10 | 5.1 测试设计<br>5.2 测试分析 | 0.06<br>0.04 |
| 6. 系统总结 | 0.05 | 6.1 系统性能评价<br>6.1 技术方法评价 | 0.03<br>0.02 |
| 7. 文档清晰度、完整度 | 0.05 | | 0.05 |
| 8. 开发进度 | 0.05 | | 0.05 |
| 9. 小组合作、沟通能力 | 0.10 | | 0.10 |
| 10. 小组互评 | 0.05 | | 0.05 |

注:带 * 号指标项表示还可以细化

(5)毕业设计与实践

毕业设计与实践是对一个较大规模项目进行分析设计,综合运用所学的各种软件技术进行开发,其技术和思想要与时俱进。考核指标见表 8-10、表 8-11。

此外,各专业理论课的单元课程实践由任课老师自行设计与组织,考核指标可参照表 8-12。

对于实践教学体系的评价,可以设立师生互动反馈机制,实现师生对实践内容、实践设施的反馈,并提出改进意见;还可以根据企业需求现状、学生就业情况对实践教学体系进行评价,并采取相应的改进措施。

(6)总体评价结果

总的评价结果为:总评 = 单元课程实践(10%)+ 理论考试(30%)+ 课程综合实践(30%)+ 专业认证(10%)+ 毕业设计与实践(20%)

最后,依据整个实践活动过程及评价结果建立“学生职业能力成长档案”,记录学生职业能力成长过程。“学生职业能力成长档案”作为毕业生就业对口推荐和教学过程控制的一手资料,为评价各方提供一种及时方便的手段。

**基于 C/S 模式项目实训评分表** 表 8-8

| 一级指标编号及名称 | 权重 | 二级指标编号及名称 | 权重 | 三级指标编号及名称 | 权重 |
|---|---|---|---|---|---|
| 1. 可行性研究 | 0.1 | 1.1 开发目的及背景<br>1.2 说明并论证所选定的方案 | 0.04<br>0.06 | | |
| 2. 需求分析 | 0.1 | 2.1 任务概述<br>2.2 需求规定<br>2.3 运行环境 | 0.03<br>0.04<br>0.03 | | |
| 3. 概要设计 | 0.2 | 3.1 总体设计 *<br>3.2 模块设计<br>3.3 系统数据结构、数据库设计 *<br>3.4 系统出错处理设计 * | 0.06<br>0.06<br>0.04<br>0.04 | 3.1.1 系统结构图<br>3.1.2 设计概念和处理流程（UML 的使用）<br>3.3.1 逻辑结构设计<br>3.3.2 物理结构设计<br>3.4.1 出错信息<br>3.4.2 补救措施 | 0.03<br>0.03<br>0.02<br>0.02<br>0.02<br>0.02 |
| 4. 详细设计 | 0.2 | 4.1 程序系统的组织结构<br>4.2 程序模块设计说明 * | 0.08<br>0.12 | 4.2.1 模块功能说明<br>4.2.2 算法及流程图<br>4.2.3 程序开发工具的使用能力 | 0.03<br>0.06<br>0.03 |
| 5. 系统测试 | 0.1 | 5.1 测试设计<br>5.2 测试分析 | 0.06<br>0.04 | | |
| 6. 系统总结 | 0.05 | 6.1 系统性能评价<br>6.1 技术方法评价 | 0.03<br>0.02 | | |
| 7. 文档清晰度、完整度 | 0.05 | | | | |
| 8. 开发进度 | 0.05 | | | | |
| 9. 小组合作、沟通能力 | 0.1 | | | | |
| 10. 小组互评 | 0.05 | | | | |

**基于 B/S 模式项目实训评分表** 表 8-9

| 一级指标编号及名称 | 权重 | 二级指标编号及名称 | 权重 | 三级指标编号及名称 | 权重 |
|---|---|---|---|---|---|
| 1. 项目规划 | 0.2 | 1.1 需求分析<br>1.2 项目方案 * | 0.08<br>0.12 | 1.2.1 可行性分析<br>1.2.2 主要功能和版块 | 0.04<br>0.08 |
| 2. 项目实施 | 0.3 | 2.1 形象设计<br>2.2 开发制作 * | 0.08<br>0.22 | 2.2.1 模块功能说明<br>2.2.2 算法及流程图<br>2.2.3 程序开发工具的使用能力 | 0.05<br>0.12<br>0.05 |
| 3. 项目测试 | 0.1 | 3.1 测试设计<br>3.2 测试分析 | 0.06<br>0.04 | | |
| 4. 项目总结 | 0.1 | 4.1 系统性能评价<br>4.1 技术方法评价 | 0.06<br>0.04 | | |
| 5. 文档清晰度、完整度 | 0.1 | | | | |
| 6. 开发进度 | 0.1 | | | | |
| 7. 小组合作、沟通能力 | 0.1 | | | | |
| 8. 小组互评 | 0.05 | | | | |

**毕业设计与实习考核指标** 表 8-10

| 指标名称 | 权重 | 分值 |
| --- | --- | --- |
| 1. 论文情况（参考表 2-8） | 0.4 | 40 |
| 2. 答辩情况 | 0.2 | 20 |
| 3. 实习日志 | 0.1 | 10 |
| 4. 企业调查问卷 | 0.1 | 10 |
| 5. 实习单位评价 | 0.2 | 20 |

**毕业论文评价指标（网站开发）评分表** 表 8-11

| 一级指标编号及名称 | 权重 | 二级指标编号及名称 | 权重 | 三级指标编号及名称 | 权重 |
| --- | --- | --- | --- | --- | --- |
| 1. 项目规划 | 0.2 | 1.1 需求分析<br>1.2 项目方案 *<br>1.3 项目控制 * | 0.05<br>0.10<br>0.05 | 1.2.1 可行性分析<br>1.2.2 主要功能和版块<br>1.3.1 项目进度<br>1.3.2 质量标准 | 0.04<br>0.06<br>0.02<br>0.03 |
| 2. 项目实施 | 0.3 | 2.1 形象设计<br>2.2 开发制作 *<br>2.3 文档管理 | 0.06<br>0.20<br>0.04 | 2.2.1 模块功能说明<br>2.2.2 算法及流程图<br>2.2.3 程序开发工具的使用能力 | 0.05<br>0.10<br>0.05 |
| 3. 项目测试 | 0.1 | 3.1 测试设计<br>3.2 测试分析 | 0.06<br>0.04 | | |
| 4. 项目完工 | 0.1 | 4.1 项目发布<br>4.2 项目验收<br>5.1 宣传推广<br>5.2 网站维护 | 0.06<br>0.04<br>0.04<br>0.06 | | |
| 5. 项目跟踪 | 0.1 | | | | |
| 6. 项目总结 | 0.1 | 6.1 系统性能评价<br>6.1 技术方法评价 | 0.06<br>0.04 | | |
| 7. 开发进度 | 0.05 | | | | |
| 8. 小组合作、沟通能力 | 0.05 | | | | |

**各专业理论课的单元课程实践评分表** 表 8-12

| 指标名称 | 权重 | 分值 |
| --- | --- | --- |
| 1. 程序完成程度 | 0.2 | 20 |
| 2. 算法及流程图 | 0.3 | 30 |
| 3. 程序正确性 | 0.3 | 30 |
| 4. 代码规范性 | 0.2 | 20 |

## 本章小结　以发展性评价实现职业关键能力评价创新

职业关键能力是一个动态的能力培养过程，它既体现在学生的学习过程中，更体现在学生的职业发展过程中，因此学生关键能力评价应当坚持发展性评价，通过对课程评价要素包括评价主体、评价标准、评价方式的重构，以主体性、多元化、过程性、情境性为原则，合理选择能力评价指标、合理确定指标权重、科学制定评价标准，从而构建关键职业能力评价指标体系。

发展性评价的体系的特点是对学生的评价以促进学生的发展为目的，充分的考虑学生未来发展的需求，帮助学生树立信心，从中认识自己，有计划、有目的的发展自己。改变单一的终结性评价体系，关注学生能力发展的过程，注重形成性评价，评价主体由专家、教师、学生以及更为广泛意义上的关键人群组成；将学生知识的掌握程度、能力的发展水平以及思维发展状况做出较为公允的描述，并在此基础上提出相应的改进策略，评价的意义在于不断完善和改进教学过程，促进学生认知、情感和能力的不断发展，构建发展性评价体系。将关键能力操作化为心理素质、方法能力、社会能力三个维度进行综合评价。

为了验证发展性评价指标体系的科学性，本项目分别以软件技术专业为例，从人才培养目标的分析入手，通过岗位能力分析、专业课程体系构建，结合实践教学的内容体系，构建以面向过程的项目实训评价、面向对象的项目实训评价、基于C/S模式项目实训评价、基于B/S模式项目实训、毕业设计评价等为基础的评价体系，形成了“单元课程实践＋理论考试＋课程综合实践＋专业认证＋毕业设计与实践”发展性评价结构，从而对学生关键能力提供了科学的评价依据。

# 后　记

开始对“职业关键能力”进行研究，是在2006年的夏天，正值我国高职教育开始由规模扩张向“内涵式发展”转型的初期。围绕着培养什么人、如何培养人的问题，我们的团队逐步将视角聚焦在“职业关键能力”这一领域，希冀通过一些理论研究和改革实践，为高职教育的人才培养注入一些新鲜元素。

还记得广东交通职业技术学院将“职业关键能力”核心思想纳入本校办学理念时，我们的欢呼与雀跃；还记得与老师们一起讨论该如何开展改革实践时，我们的坚持与改变；还记得在分享学生团队合作项目成果时，我们的欣慰与寄望。辗转七八个春秋，“职业关键能力”在职业院校的落地实践呈现出良好的发展势头，我们由衷地感到高兴和骄傲。

这本小书作为对近年来围绕“职业关键能力”开展人才培养探索的一个初步总结，还有许多地方需要完善和改进。同时，无论在理论层面还是实践领域，“职业关键能力”涉及的许多问题还有待于我们进一步研究。全书共分八章，第一、二、三、五章主要由胡昌送、卢晓春、李明惠等同志撰写；第四、六、七、八章主要由王文涛、倪赤丹、庄越、吴毅洲等同志撰写；每章小结由王文涛、倪赤丹等同志撰写；全书由胡昌送和李明惠两位同志编校。

值此书稿完成之际，我们真诚感谢以华中科技大学杨叔子院士为首的诸多专家、领导、同事和朋友的悉心指导、支持帮助和关心厚爱，感谢本书中所引用参考文献的各位原作者，感谢人民交通出版社卢仲贤副总编辑对本书出版的大力支持和无私帮助。

作　者

**2013年12月**

# 参考文献


[1] 顾明远. 教育大辞典(增订合编本)[M]. 上海:上海教育出版社,1998

[2] 盛群力,李志强. 现代教学设计论[M]. 杭州:浙江教育出版社,2001

[3] 戴维·H·乔纳森,郑太年译. 学习环境的理论基础[M]. 上海:华东师范大学出版社,2002

[4] 姜大源. 当代德国职业教育主流教学思想研究—理论、实践与创新[M]. 北京:清华大学出版社,2007

[5] 韩庆祥. 能力本位[M]. 北京:中国发展出版社,1999

[6] 姜大源. 职业教育研究新论[M]. 北京:教育科学出版社,2006

[7] 童山东. 职业教育中职业核心能力培养的理论与实践[M]. 北京:中国铁道出版社,2012

[8] 赵志群. 职业教育与培训:学习新概念[M]. 北京:科学出版社,2003

[9] 高宏. 英国职业教育中的核心技能及其培养研究[D]. 石家庄:河北大学,2004

[10] 和震. 能力本位职业教育理论的结构分析[J]. 教育与职业,2003(11)

[11] 唐以志. 关键能力与职业教育的教学策略[J]. 职业技术教育,2000(7)

[12] 徐朔."关键能力"培养理念在德国的起源和发展[J]. 外国教育研究,2006(6)

[13] 吴雪萍. 培养关键能力:世界职业教育的新热点[J]. 浙江大学学报(人文社会科学版),2000(6)

[14] 褚善东. 职业技术教育中"关键能力"培养问题[J]. 天津市职工现代企业管理学院学报,2004(3)

[15] 刘京辉,唐以志. 关键能力及其启示[J]. 职教论坛,2000(6)

[16] 尹金金,孙志河. 关键能力的内涵比较与反思[J]. 中国职业技术教育,2006(12)

[17] 陈解放."产学研结合"与"工学结合"解读[J]. 中国高教研究,2006(12)

[18] 於健,陈秋姝. 对关键能力培养的思考[J]. 青岛远洋船员学院学报,2006(1)

[19] 林东. 谈高职学生关键能力与素质的培养[J]. 教育与职业. 2006(12)

[20] 卢晓春,胡昌送. 突出发展高职学生关键能力的教学设计理论与实践[J]. 广东技术师范学院学报[J],2007(12)

[21] 胡昌送. 突出发展学生关键能力的管理学课程教学探索与实践[J]. 中国职业技术教育,2007(7)

[22] 岳振海. 高职"两课"与学生关键能力的培养[J]. 中州大学学报,2006(1)

[23] 王敏,等. 关键能力培养的要求和模式[J]. 中国职业技术教育,2000(3)

[24] 张桂杰. 职业教育必须着力加强学生关键能力的培养[J]. 辽宁师专学报(社会科学版),2005(6)

[25] 中国驻德大使馆教育处. 德国大学生关键能力的培养[J]. 世界教育信息,2006(6)

[26] 高宏,高翔. 对我国职业教育中关键能力研究的思考[J]. 河北师范大学学报(教育科学版)2006(8)

[27] 张柯,邓小丽．澳大利亚基础教育研究:“关键能力”简述[J]．外国中小学教育,2005(5)
[28] 何向彤．关键能力培养及评估:澳大利亚的认识与实践[J]．职业技术教育(教科版).2006(19)
[29] 郭立艳．职业关键能力培养及评估模式[J]．职业时空,2006(6)
[30] 钟志贤．知识建构 学习共同体与互动概念的理解[J]．电话教育研究,2005(11)
[31] 卢晓春．深化学生关键能力培养的对策研究[J]．广东交通职业技术学院学报,2009(12)
[32] 罗荣丰．职业教育发达国家的关键能力培养及策略的启迪[J]．职业教育研究,2009(11)
[33] 朱美珍．关键能力与专业能力相结合的高职课程模式构建[J]．广州大学学报(社会科学版),2007(3)
[34] 唐燕萍．论综合职业能力的培养[J]．中国职业技术教育,2002(22)
[35] 王丽娟．谈职校生关键能力的培养[J]．教育与职业,2001(10)
[36] 阎子刚,屈颖,梁超强,朱强．高职物流管理专业人才培养模式的改革实践[J]．广东交通职业技术学院学报,2008(8)
[37] 高玉萍．德国职业教育关键能力的培养及对我们的启示[J]．常州工程职业技术学院学报,2009(4)
[38] 张建中,陈锡德,吴亚曼,刘畅．谈行动导向教学法与高职学生关键能力的培养[J]．辽宁高职学报,2009(1)
[39] 张琼．在教学过程互动中培养学生的关键能力[J]．职业教育研究,2005(5)
[40] 桂云苗．应用型物流类本科人才培养目标定位与课堂教学方法研究[J]．管理观察,2009(5)
[41] 李盛聪,许晓芸．浅谈教学评价[J]．成都师专学报·文科版,1994(1)
[42] 蒋永忠．基于实践视角的高职学生关键能力培养及评价体系研究[J]．铜陵学院学报,2009(5)
[43] 戴维,张迎建．高等职业教育实训课程的国际比较[J]．职业技术教育(教学版).2006(29)
[44] 费芳．高职学生综合能力的测评应以职业能力培养为导向[J]．职业时空,2006(7)
[45] 吴秀杰．关于“关键能力”的解析及思考[J]．成都航空职业技术学院学报,2009(9)
[46] 窦慧明．技校学生职业能力培养模式的创新及发展性评价研究[J]．教育研究,2009(12)
[47] Carl Rogers. Freedom to Learn for the 80's [M]. Columbus, OH: Charles E. Merrill Publishing Company, 1989
[48] Carl Rogers. On Becoming a Person: A Therapist's View of Psychotherapy[M]. Boston, MA: Houghton Mifflin, 1961
[49] NVCQ, An Introduction to Vocational Qualifications: For Aged 16 and Over[R]. London: NCVQ, 1992

[50] Furman, Gail C. Postmodernism and Community in School: Unraveling the Paradox[J]. Educational Administration Quarerly, 1998

[51] Wilson · B · G. Metaphors for instruction: Why we talk about learning environments[J]. Educational Technology, 1995